写给有出息女孩的羊皮卷

心蓝 \ 编著

中国纺织出版社

内 容 提 要

青少年时期是人生的主要阶段，一个人的理想、信念、胆识、意志、毅力、性格、情操基本上形成于这个阶段。女孩们都想成为一个有出息、受欢迎的人，一定要懂得抓住时机，努力完善自己，成就自己不平凡的一生。

本书根据女孩的特点，通过生动的故事和案例，教给女孩成长的智慧，引领女孩找到正确的前进方向，并成为一个坚强、勇敢、有出息的人。

图书在版编目（CIP）数据

写给有出息女孩的羊皮卷 / 心蓝编著. —北京：中国纺织出版社，2017.8（2023.5重印）
ISBN 978-7-5180-3733-9

Ⅰ.①写… Ⅱ.①心… Ⅲ.①女性-修养-通俗读物 Ⅳ.①B825.5-49

中国版本图书馆CIP数据核字（2017）第139851号

责任编辑：闫 星　　　　责任印制：储志伟

中国纺织出版社出版发行
地址：北京市朝阳区百子湾东里A407号楼　邮政编码：100124
销售电话：010—67004422　传真：010—87155801
http：//www.c-textilep.com
E-mail：faxing@c-textilep.com
中国纺织出版社天猫旗舰店
官方微博http：//weibo.com/2119887771
永清县晔盛亚胶印有限公司印刷　各地新华书店经销
2017年8月第1版　2023年5月第11次印刷
开本：710×1000　1/16　印张：15
字数：210千字　定价：68.00元

前言
preface

人间的美好都来源于心灵的美好。只有心灵是美好的才会创造出美好的事情。要做一个有出息的女孩就要克服困难，改正自身的缺点，成为一个奋发向上的人。

有出息的女孩需要用自己的努力来提高自己的素质修养，成为一个蕙质兰心的女孩。在学习中丰富自己的阅历，在书中找到自己的梦想，徜徉在梦想的天空。找到自己的梦想并且努力奋斗，在成功的路上我们会翻山越岭，会遇到很多艰难险阻，但只要不轻言放弃，就一定会成功。

父母都希望我们成为一个有出息的女孩，不想让我们的一生碌碌无为，他们为我们付出了一生的年华岁月，我们是他们一生最宝贵的财富，我们不能让父母对我们失望。只有自己有出息，有能力养活自己，并有所作为才会让父母安心，不为自己操心。我们要理解父母对我们的付出，用心关爱父母，做父母的贴心小棉袄。

女孩如何拥有信念、梦想，成为让人喜爱的女孩，这些都不是简单的事，需要通过自己的刻苦奋斗才会取得成功。这本《写给有出息女孩的羊皮卷》中详细指导女孩如何才可以成为理想中的女孩，成为有内涵、有气质的女孩，无论走到哪里都会成为人们为之瞩目的女孩。

女孩不仅仅要学知识，更要懂得处理人际关系。在积极参加集体活动中，学会团结合作，对女孩的未来成长有很大的作用。

本书积极乐观的人生观念，让女孩对自己的人生有更多的想法，也会更加努力地去奋斗。通过阅读本书会更加了解自己的水准，需要做哪些改善才会成为一个有出息的女孩，改正自己的缺点，让优点更突出，并且发挥自己的潜力成为一个有出息的女孩。为此，我们精心编写《写给有出息女孩的羊皮卷》，让女孩在迷茫中找到准确的指引，得到更多的帮助。点亮人生的明灯，放射内心的七彩光芒。让我们更加努力后劲勃发，让阳光照亮人生的前进道路。

编著者

2016年1月

目 录
contents

第01章

女孩坚定梦想，让未来闪闪发光

女孩要有梦想，一个敢想敢做的梦可以用一生来实现。积极乐观的态度以及对梦想的执着，风雨的阻碍只会让彩虹更加绚丽多彩。女孩会因为梦想更加自信有勇气，放飞理想的翅膀，让我们带着自信与梦同行，为理想奋斗，让自己未来的人生拥有一条广阔明亮的大路。

女孩要做坚定自信的奋斗者

写作关键词：自信　信念

自信的魅力

小路上昂首走来一个姑娘，她微翘的嘴角展示着她的自信，她的名字叫文文。她是一个没有双臂的女孩。

文文18岁的时候，一场车祸让她失去了双臂，刚刚感受到成年喜悦的她，全部的信心瞬间崩塌了，她的生活陷入了昏暗。她变得自暴自弃起来，整日昏昏沉沉，抱怨上天对她不公。没有了双臂，她再也不能自己穿衣吃饭，她不知道自己还能做些什么，她想到了自杀。然而，看着每日为自己忙碌的母亲，她犹豫了。

“其实，母亲的难过并不比自己少，每天不仅要照顾自己，还要强打起精神开导自己，自己没有了双臂，可还有一个疼爱自己的母亲。况且世界上没有了手臂的人不止自己一个，但他们依旧能够活得精彩，我为什么不可以呢？”文文不再颓废，她重新看到了生活的希望。

从那时开始，她就打起了精神，每天和母亲聊聊知心话，慢慢进行自我调节。虽然，一开始并不容易，但她始终坚信自己可以成功。她开始用双脚做自

己力所能及的事：穿衣服、简单的打扫……慢慢的，她能用双脚做的事越来越多，她的笑容也越来越多。

文文开始自信起来，她每天都做很多事情，她也开始试着让更多的人加入她的生活，帮助更多的残疾人重拾信心。微笑是她的标志，她让人生的大门再次为她打开。不久之后，一个帅帅的小伙子喜欢上了文文，小伙子常对文文说："因为你特别乐观，是你美丽的微笑迷倒了我。"

知识窗

女孩多吃水果有助于身体健康。维生素C是最为人所熟知的。而天然的水果就是最好的维生素C来源，营养容易被身体所吸收，但是也易随水分而流失，所以最好每天都要摄取。樱桃所含的维生素C比例非常高，且含有非常高的铁元素，可提高血红蛋白的含量，气色看起来会更好。另外奇异果以及一般人所熟知的柑橘类水果，也富含维生素C哦！所以女孩要多吃水果呀。

为你支招

女孩，如何展现自信心，做一个优秀女孩？

1.树立良好的自信心

只有女孩树立了正确的人生目标，有了自信，才能激励自己不断进取，不断奋发向上。女孩应该明白这个道理："自信展现在各个方面，不是单一特质，不仅仅是你的学习成绩优异才自信，要在多方面自信，这是一种心态。"

2.学会自我鼓励

当失去信心的时候，你可以告诉自己："不是不可比，而是要通过自己的努力，去创造与别人相同的条件。"

3.懂得如何激励自己

有了追求的动力，就要全力以赴。无时无刻不为自己打气，确定自己的信念，用积极的心态做事。相信自己，勤于思考，随时保持进取心。

女孩，要有志向有目标

写作关键词：志向　毅力

天使的梦想

小月是一个身材瘦小的女孩，身体非常柔弱，吃药如家常便饭。她最大的梦想就是做一名医生，帮助像她一样的小朋友，脱离病痛的折磨，健康快乐地成长。

医学知识专业性较强，需要花费很多时间学习。这对平时成绩一般的小月来说，还是比较困难的，加上时常因为有病而缺勤，成绩一直不是很理想，小月的妈妈不愿打击女儿的信心，尝试着劝说女儿打消想法，想让女儿上些画画类的课程。但是小月坚持自己的想法，妈妈只有帮助小月找家教。

每次面临病痛折磨的小月都会更加坚定自己的梦想。小月坚持锻炼，让自己的抵抗力不断变强，让自己的体质不断改善，在学习中更加刻苦认真。

日积月累，春去秋来，小月长大了，变成了一个娇俏柔美但不柔弱的女孩，天使的翅膀向她张开。她成功了，考上了医科大学，距离她的梦想越来越近。

有些梦想不是不切实际，而是要为之努力。在妈妈劝小月打消学医的想法时，小月目标坚定，用信念支撑自己前行，最终完成了梦想。志向是承载梦想的船，想要完成梦想，首先要拥有梦想，拥有了梦想之船，再加上不断努力，才可以到达成功的彼岸。

知识窗

女孩晚上不要熬夜，熬夜的习惯是非常不好的。现在很多人都喜欢熬夜，这种不健康的生活方式对身体的伤害很大。同时，不健康的睡眠很容易带来一些肌肤问题，脸上也会冒出很多痘痘。

为你支招

女孩，树立远大志向，需要以下几点：

1.如何树立正确的志向

梦想不是空想，也不是幻想，是对未来事物的合理想象和希望。树立正确的梦想才会有明确的方向。有了理想就必须用实际行动去实现。不去奋斗，理想就是空想。小月也是要先学好知识，然后改变体质，一步一步，从小事做起，最终才会完成梦想。

2.实现梦想的方法

有了梦想的目标，就要有方法实现。目标定好就要有计划有步骤地去实现。完成小目标及时总结自己，接近大目标继续提高自己，这样距离成功就不远了。

3.坚持梦想的毅力

梦想是一个浩大的工程，要有稳扎稳打的心态，不可急于求成。

成功是要日积月累，只有坚持才可能成功。

梦想是人生道路上的绚丽风景

写作关键词：刻苦　风景

收获成功

张老师从事教育工作已经30年了，现在已经取得高级教师的职称。

张老师出生在一个困苦的家庭。因为没钱，所以他当初选择了一所学费较低的职业学校。当时的职业学校没有现在的正规，但是张老师并没有放弃，而是更加刻苦学习，认真对待每一堂课，生活中保持乐观。同学的嘲讽，邻居的藐视，这些负面影响反而成为了张老师的动力。最后张老师成为了唯一一位在技术学校考取教师资格证书的学生。张老师选择工作时直接被家乡高中录用，成为了一名光荣的人民教师。

虽然追逐梦想的道路上困难重重，但是我们要勇敢要坚强，困难都是完成梦想的动力。机遇总是偏爱有准备的人，总是垂青时刻为它努力的人，

人生的道路上总是会有不如意的情况，虽然在困境中前行很艰难，但是不要放弃，只要在曲折的逆境中不放弃、不颓废，就可以成功。过程虽是艰辛的，但在艰辛的耕耘中收获成功是幸福的，人生最美的是坚持梦想的过程。

知识窗

吃东西时要坐着吃，这样不易导致局部肥胖。在正式用餐前先喝一碗汤，这样能起到一定的缓冲作用，让胃为进食做好准备。在吃饭时，要细嚼慢咽，这一点非常重要。由于现在压力比较大，很多人为了节省时间不到10分钟就用完一餐饭，这会给肠胃带来很大的负担，很容易引发慢性肠胃病。

为你支招

女孩，要知道享受成功的过程。

1.享受成功的过程

女孩在成功之前都会遇到很多困难，在困难中不要惧怕，想想享受成功的喜悦就不觉得困难了，想想你为了成功做的那些努力。失去了什么又得到了什么。是否因为老师的表扬而开心，是否因为努力赢得比赛而幸福。

2.成功没有捷径

女孩要知道在成功路上捷径是不存在的。只有一步一步走好每一个过程才会成功。只要过程完美，成功就会随之而来。

3.确立成功

女孩要想成功就要付出努力，将绊脚石变成垫脚石，化压力为动力，张老师就是因为嘲笑而更加的刻苦，所以不要把困难想得那样可怕，适应困难也需要一种技巧，在磨难中善于思考，不能操之过急，要耐心等待成功的时刻。

未来是精美的框架，需要填充丰富的内容

写作关键词：未来 美好

希望的新生

第一位荣获诺贝尔文学奖的女性塞尔玛·拉格萝芙，曾经得过瘫痪症，丧失了走路的能力。塞尔玛·拉格萝芙是怎样成为伟大的学者大家都很疑惑。

塞尔玛·拉格萝芙开始讲述自己的奇迹："一次家庭旅行中船长太太给她讲述了一个故事，一只美丽的天堂鸟，一只会产生奇迹的鸟，她深深地被这只鸟的描述吸引，非常想亲眼看看，由于双腿不能动，保姆没在身边，她要求服务生带她去看，服务生不知道她的腿不能动，只顾带她一道去看天堂鸟，奇迹发生了，由于极度的渴望，她拉着服务生的手慢慢地走了起来，经过长时间的康复训练，后来疾病痊愈。恢复了健康，因此更加珍惜生命，忘我地学习文学知识，最后获得了诺贝尔文学奖"。

塞尔玛·拉格萝芙的未来出现了奇迹，未来是不可预测的，只有经历过才能体会生命的魅力。任何时候都要接受现实，不管人生中的得与失，都要让自己的生命充满亮丽与光彩，不为过去掉眼泪，努力地活出自己的精彩。谁也不

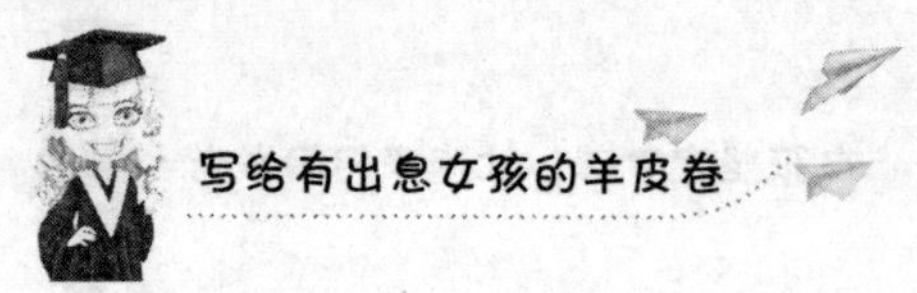

能预测明天会发生什么，只有把握当下，珍惜现在，未来才会发生奇迹。

知识窗

由于人们的生活水平越来越高， 有一部分人就一味地摄取一些高蛋白高脂肪的食物如牛肉、螃蟹、猪肉等，这导致这部分人很容易患高血压、高血脂等疾病。所以，再好的东西如果搭配不好，对人体只会弊大于利。在主食方面，要精粮粗粮合理搭配，尽量多吃粗粮如玉米、红豆、南瓜等。在菜品方面，要荤素搭配，尽量多吃素少吃肉。另外，还要多吃水果，尤其是深色水果如葡萄、李子等。

为你支招

女孩，如何完成自己的梦想，做一个有梦的人？

1.确定梦想的方向

女孩确定一个梦想，就要为梦想付出行动，并且想办法完成才会成功。有梦想的人是幸福的，要对未来的人生充满希望。未知的世界很奇妙，塞尔玛·拉格萝芙的奇迹来源于对未知的好奇，对人生美好的渴望，女孩也要对自己有自信，相信生活，相信自己可以成为世界上最幸福的人，感受人生的希望，未来就会充满美好。

2.梦想从点滴做起

梦想有了，剩下的就是想办法完成，怎样完成才是关键。把梦想分成若干个小阶段，一个一个阶段去完成，不要半途而废，坚持信念就会成功。女孩一定要坚信梦想的未来是阳光的，不要用阴暗的想法去看待眼前的事物，要用乐观的心态去思考事物的本质，这样坚定的信念就会驱散阴霾，创造奇迹重

获新生。

3.女孩多彩的梦想

女孩要给自己一个梦想，树立一个远大的人生目标，从现在做起，从点滴做起。不要拒绝自己做梦的想法，每一个科学家在完成自己发明之前都被人称之为梦，但现实是这些梦想都变成了现实。女孩要敢做梦，做自己喜欢的事，享受每一天的经历，无论痛苦与磨难，只要相信自己，未来就一定会成功。

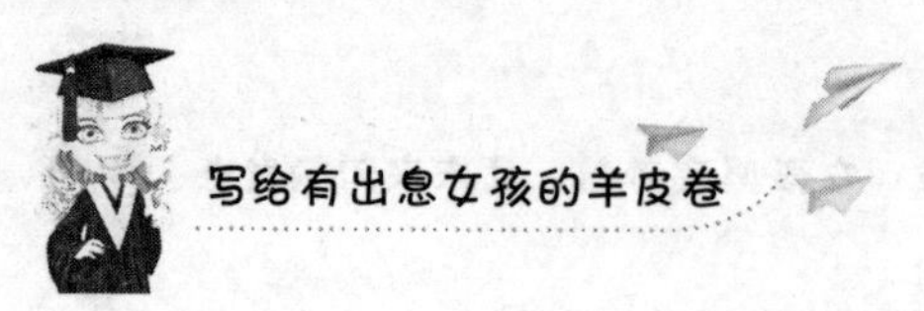

确立人生目标，梦想不会迷茫

写作关键词：目标 坚持

音乐的殿堂

雨是一个乐观的女孩，她非常喜欢弹琴。她梦想成为音乐家，但是雨没有钱去学习。雨坚持半工半读。白天在学校学习弹琴，晚上去餐厅弹琴打工，在餐厅她认识了一个演奏者，他们相互合作相互学习，雨赚够了钱但并没有被金钱迷失了方向。雨决然地辞去了工作。因为雨的梦想就是成为音乐家。回到学校后更加努力刻苦，珍惜每一分，每一秒，为了梦想不断的努力。

很多年过去了，当雨又回到了当年那家餐厅时，发现那个演奏者还在那里工作。雨和那个演奏者聊了好久，雨和演奏者开心地聊在一起的那段时光。当雨离开的时候演奏者问道："现在你在哪里演出呀？"雨说了一个很有名的演出地点，演奏者挠挠头嘀咕："那里也可以随便弹琴？"雨微笑着对演奏者说："我现在可以去那里演出了。"演奏者很是吃惊地望着雨，可是只能看着雨向门口走去的背影。其实雨已经是音乐家了，登上了音乐的殿堂。然而演奏者还是一个演奏者，依然停留在原地。

雨的成功是艰辛的，但是雨一直都没有放弃过，雨一直都在为了自己的梦想奋斗，梦想给了我们追求的动力。既然选择了目标就不要迷茫，为目标坚持下去，不要惧怕梦想的困难。只要从点滴做起，再大的梦想也有成功的一天，困难并不可怕，可怕的是没有勇于坚持梦想的心。我们要放飞梦想，让梦想高飞。

知识窗

在做素菜时，我们一般不会烧得太熟，以免破坏营养成分，但有的素菜则必须烧熟了才能吃，如莲藕，如果不烧熟就吃，会很容易患上寄生虫病。另外，在选择食材时我们也要注意，如我们常见的螺蛳，在购买时一定要注意是否有有毒的螺类混入其中，如织纹螺，一颗就足以致命，而现在还没有治疗织纹螺毒素的特效药。

为你支招

女孩，为了梦想如何奋斗？

1.坚持梦想

女孩，要知道在梦想的道路上会有很多曲折的小径，选择适合自己的路去接近梦想，不要停滞不前，那样会距离梦想越来越远，梦想的过程有苦有痛但是不要消极，乐观地走下去，梦想终会成功。

2.相信自己

女孩要相信自己可以完成梦想。相信自己的未来不是梦，还要有相信自己可以完成的决心，相信自己只要有心去完成它就会成功。在困难中你可以回顾以往的经历，让自己的心沉淀下来，不要给自己制造压力，在每日的点滴中，

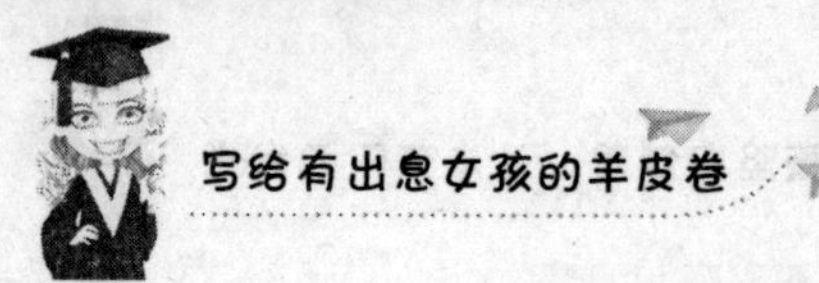

细微的努力也会汇聚成河流。

3.用困难磨练自己

女孩拥有了梦想就不要惧怕，所有的困难都是为了以后的成功提前准备。千万不要惧怕困难，可能你什么都没有，但是你还年轻，年轻就是资本，带着年轻的活力勇闯崎岖的山脉，踏上你梦想的高峰。

第02章

女孩自立，困境不会轻易为难你

女孩长大了就不能任何事都依赖别人，只有让自己自立下去才会有所成就，遇到困难不要轻言放弃，觉得自己做不到，要有信心，相信自己的能力，只要自立起来任何困难都不会难倒自己。要有勇气地让自己更加坚强。

做一个独立的、被别人尊重的女孩

写作关键词：考试　老师

让美丽的花儿盛开

她在读初中时，作文极好而数学极差，几次数学考试都不及格。为了对得起父母和老师，她硬生生地把数学题死背下来，三次小考，数学都得了满分。数学老师认为她成绩的提高百分之百是因为作弊。她是个倔强而又敏感的女孩，并不懂得适度地忍耐更能保护自己，就直言不讳地对老师说："作弊，对我来说是不可能的，就算你是老师，也不能这样侮辱我。"

结果，被冒犯了的老师气急败坏，单独给她发了一张她根本没有学过的方程式试题，让她当场吃了鸭蛋，之后拿蘸了墨汁的毛笔，在她眼眶四周涂了两个大圆饼，然后让她转身给全班看。又让她去大楼的走廊上走一圈。

这一事件的结果是：其一，让她休学在家，自闭了七八年，严重时，连与家人同坐一桌吃饭的勇气都没有;其二，养成了她终生悲观、敏感、孤独的性格。尽管她一生走过48个国家，写了26部作品，用她的作品帮助很多人树立起豁达、坚强的人生信念，但她自己始终走不出心灵的阴影。假如换一个睿智而

又有爱心的老师，事情完全可以有更好的处理方式，不信，我们看看与她境况相同的另一个女孩的经历。

这个女孩同她一样，读初中时，国文也出奇的好，曾在年级的国文阅读测验中得过第一名。但数学相当糟糕，面对数学课本，就像面对天书，数学老师教的东西，她没一样能懂。她戏称自己为天生的“数学盲”。并且断言这种盲永远无药可救。她跌跌撞撞地读到初三时，数学要补考才能参加毕业考。她知道事态的严重，却无法左右事态的发展，只好整晚不睡觉，把一本《几何》从头背到尾。

第二天，上数学课时，老师讲到一半，忽然停下来，在黑板上写了4道题让全班演算。这没头没脑的4道题在下午补考之前出现在黑板上，又与正在教的内容毫无关系，再笨的学生也明白老师的良苦用心。于是，她忽然就成了全班最受怜爱的人，几位同学边笑边叹气边把4道题的标准答案写出来教她背。她背会了3道，在下午的补考中得了75分，终于能够参加毕业考，终于毕了业。后来，初中最后的那堂数学课连同数学老师关切和怜爱的眼神，一并成为她生命中温馨美丽的记忆。

第一个故事的主人公是三毛，第二个故事的主人公是席慕蓉，她俩都是我深爱并曾为之痴迷的女作家。因为爱，所以好奇。为什么美丽倔强的三毛总让人心痛又让人绝望，而外表平常的席慕蓉却既让人心怡又令人神往？我坚信这与她们年少时在数学课上的经历有很大的关系。

女孩要知道在人生的路上都会经历很多让人无法忽视的伤害，可能会伴随一生但是也要坚持为生活而努力，独立的品格会在人生的道路上获得丰硕的果实。三毛和席慕蓉都是文学作家，一个让人心疼，一个让人着迷，两个美丽的女人都独立而强大，值得被人尊重的女性。

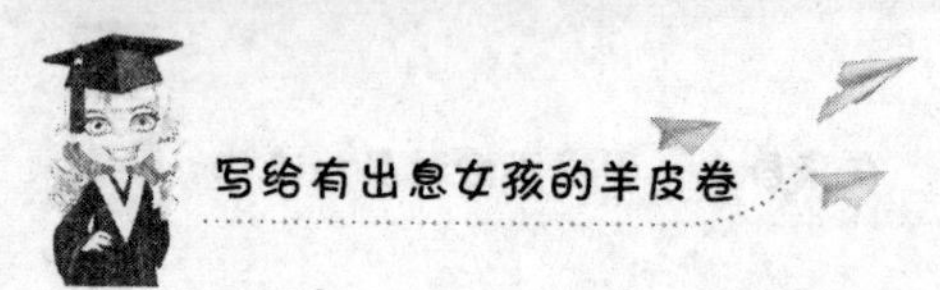

知识窗

三毛，原名陈懋平（后改名为陈平），中国现代作家，1943年出生于重庆，1948年，随父母迁居台湾。1967年赴西班牙留学，后去德国、美国等。1973年定居西属撒哈拉沙漠，和荷西结婚。1981年回台后，曾在文化大学任教，1984年辞去教职，而以写作、演讲为重心。1991年1月4日在医院去世，年仅48岁。

为你支招

女孩，如何才能受人尊重?

1.女孩要独立

女孩一生会面对很多抉择，这个时候就要独立，只有独立才会真正地领悟到什么是生活。一个人独立的生活不能衣来伸手饭来张口，要承受生活的考验，虽然会苦但是只要我们学会独立就会在人生路上骄傲地享受别人的尊重。女孩离开父母的庇护，离开温室的温暖，受到风雨的摧残都会让我们更加坚强的成长，成为坚强美丽盛开的花朵。

2.女孩要坚强

女孩要坚强，这样才会克服生活中的困难。任何的困境与磨难都要迎难而上，不怕哭，不怕累，遇到任何困难都要乘风破浪勇往直前。每一次挫折都是未来成功的基石，每一块基石的背后都是痛苦心酸，坚强累积挫折的经验，成功就不会很远，只要心中有坚定的信念，顽强地奋斗下去就一定会成功，女孩要坚强地踏过崎岖，微笑着迎接胜利的曙光。

3.女孩要尊重

女孩要想得到别人的尊重就要先尊重别人，被别人信服才是真正赢得尊

重。知道对方的不足不要刻意计较，更要知道有什么不足，站在对方的角度看待问题，多替对方考虑，学会换位思考。对待对方要真诚平等，不弄虚作假才会受人尊重，成为一个被人尊重的人。

学会独立思考比获得知识更重要

写作关键词：相反　观点

另类的特别

女孩凡事要自己体会和思考，要知道前人的经验不见得就是对的，要敢于怀疑、挑战和反叛。人生的磨难与生活中的挫折，都是要自己独立思考，用不同的视角从中选择自己的方式，坚定自己的理念。

有一次，美国电视台的著名主持人比尔问一个七八岁的女孩："你长大以后想做什么？"女孩很自信地答道："总统。"全场观众哗然。比尔做了一个滑稽的吃惊状，然后问："那你说说看，为什么美国至今没有女总统？"女孩想都没想就回答："因为男人不投她的票。"全场一片笑声。比尔："你肯定是因为男人不投她的票吗？"女孩不屑地说："当然肯定。"比尔意味深长地笑笑，对全场观众说："请投她票的男人举手。"伴随着笑声，有不少男人举手。比尔得意地说："你看，有不少男人投你的票呀。"女孩不为所动，淡淡地说："还不到三分之一。"比尔做出不相信的样子，对观众说道："请在场的所有男人把手举起来。"言下之意，不举手的就不是男人，哪个男人"敢"

不举手。在哄堂大笑中，男人们的手一片林立。女孩露出了一丝轻蔑的笑意："他们不诚实，他们心里并不愿投我的票。"许多人目瞪口呆，然后是一片掌声，一片惊叹……

这是一个典型独立思考的事例，女孩在没有任何人提示或帮助的情况下，凭借自己的判断和思考，对主持人的提问做出从容的作答。这种独立思考的能力，正是许多中国孩子所欠缺的。

人的思考能力是自己唯一能完全控制的东西，没有正确的思考，就不会有正确的行动。那些成大事者都养成了勤于思考的习惯，善于发现问题、解决问题，不让问题成为人生的难题。可以说，任何一个有意义的构想和计划都是出自思考，思考可以支撑起人生。但敏锐的思维不会从天上掉下来，而是需要严格的训练和培养的。所以，培养孩子的独立思考能力是每一位父母必须牢记的。

美国铁轨的标准距离是1435mm，这原来是英国的铁路标准，沿用英国的电车标准，援用马车的轮宽标准，源于英国的老路宽度，由古罗马人设定，因为这是两匹拉战车的马屁股的宽度。事情还没完，下次你在电视上看到美国航天飞机立在发射台上的雄姿时，请留意看一下它的燃料箱的两旁有两个火箭推进器，它们是由一家犹他州的工厂提供的，如果可能的话，这家公司的工程师想把推进器造得胖一些，这样容量就可以大一些，但他们不可以，为什么？因为推进器造好后要用火车运输，途经一些隧道，而这些隧道的宽度只比铁轨宽了一点，由此我们可以断言：今天世界上最先进的运输系统的设计，是由两千年前两匹马的屁股宽度决定的。

拿破仑·希尔认为，影响人的深度思维的因素有三条：其一，过去的经历可以影响我们思维的深度（跳蚤与玻璃罩）；其二，当前的压力会影响我们思维的深度（父子赶驴）；其三，缺乏洞察力会制约我们思维的深度。

女孩要有自己的思想。思想是一个人独立的观念，一种自我的认知对人生价值观的一种客观事实思想。思想也会是一个人的行为方式和感情方法的重要体现。在思想的抉择上有自己的人生标准才是区别于他人的不同之处。

知识窗

拿破仑·波拿巴（1769年8月15日—1821年5月5日），即拿破仑一世，出生于科西嘉岛，十九世纪著名军事家、政治家，法兰西第一帝国的缔造者。法兰西第一共和国第一执政者（1799—1804年），法兰西第一帝国皇帝（1804—1815年）。

拿破仑于1804年11月6日加冕称帝，把共和国变成帝国。在位期间称“法国人的皇帝”，也是历史上自查理三世后第二位享有此名号的法国皇帝。对内他多次镇压反动势力的叛乱，颁布了《拿破仑法典》，完善了世界法律体系，奠定了西方资本主义国家的社会秩序。对外他五破反法联盟的入侵，沉重反击了欧洲各国的封建制度，捍卫了法国大革命的成果。

为你支招

女孩，如何学会思考？

1.女孩要有自己的看法

女孩做事之前都要有自己的思想和看法，这样才可以掌握事情的全局，利用自身的优势克服困难，完成任务。“思想”是指引导人积极向上的一种行为准则。任何一个取得成功的人，都离不开这样的准则。这种准则或思想，就是人的灵魂。离开了灵魂，就如同行尸走肉，变得麻木不仁，将一事无成。反之，有了准则或思想，就是一个高尚而又内涵的人，就能把握自我，慎独行事，直至成功之巅。唯有如此，才能高瞻远瞩，成为鸿鹄之志之人。不然，就会随波逐流，人云亦云，成为一个缺失主心骨之人。

2.女孩要有内涵

一个女孩需要具备内涵，只有具备了内涵才会成为一个有独特气质的人。内涵是一种抽象的感觉，是某个人对一个人或某件事的一种认知感觉，内涵不是广义的，是局限在某一特定人对待某一人或某一事的看法。内涵不是表面上的东西，而是内在的、隐藏在事物深处的东西，需要探索、挖掘才可以看到。科学界的定义是：主体里的瘾魂、气质、个性、精神被我们用情感的概念，创作出来的一切属性之和。

独立，是女孩立足人生的基础

写作关键词：学习 知识

有梦想谁都了不起

张海迪的故事曾经被每一个中国人所熟知，也激励了一代女孩去勇敢追寻梦想和成功人生。

张海迪，1955年秋天在济南出生。5岁换脊髓病，胸以下全部瘫痪。从那时起，张海迪开始了她自强、独立的人生。她无法上学，便在家自学完中学课程。15岁时，张海迪跟随父母，下放（山东）聊城农村，给孩子当起教书先生。她还自学针灸医术，为乡亲们无偿治疗。后来，张海迪自学多门外语，还当过无线电修理工。在残酷的命运挑战面前，张海迪没有沮丧和沉沦，她以顽强的毅力和恒心与疾病作斗争，经受了严峻的考验，对人生充满了信心。她虽然没有机会走进校门，却发奋学习，学完了小学、中学全部课程，自学了大学英语、日语、德语和世界语，并攻读了大学和硕士研究生的课程。1983年张海迪开始从事文学创作，先后翻译了《海边诊所》等数十万字的英语小说，编著了《向天空敞开的窗口》《生命的追问》《轮椅上的梦》等书籍。

女孩要有自我独立的自主性。独立，首先是思想上的独立，自己给自己做主，自己按自己的意愿做事，按自己的想法生活，其次是经济上的独立，只有经济上的完全独立，你才可以按自己的想法做事情。乐观的看待问题，快乐每一天！

知识窗

我是一个有理想的人，不愿意一声无所作为，做一个无聊的人。不多学些东西，我就不舒服。我愿把我的一生献给我喜爱的事业。我的腿虽然不好，可是多年来我一直是那样的乐观，对美好的生活充满激情。

——张海迪

为你支招

女孩，如何才能独立？

1.女孩要不怕困难

女孩要想独立就要克服很多困难，生活上的困难有时候会无处躲避，只有逆流而上坚持自己的信念。例如女孩要独立学习，不要贪玩不学习，这样就不会有好成绩，学习就要用功。遇到困难想办法克服，自信地去做自己想做的事，努力完成就会成功。困难并不可怕，可怕的是被困难打倒从此一蹶不振，打倒了再站起来继续做自己想做的事，胜利就在前方。

2.女孩不要依赖别人

女孩无论在做什么事情时都不要依赖别人，依赖别人就会让自己永远不能独立，成为别人的附属品，自己永远也没有主动权。女孩要尝试让自己选择，不要否定自己，要自信地阐述自己的看法有自己的思想。

3.女孩要学会坚强

女孩要学会坚强，坚定守护自己的信念，在困难面前奋勇向前，把困难打败，让自己变得更加坚强。坚强是需要长期坚持的，不可以半途而废。在生活中遇到的小挫折会有很大的挫败感，坚强地去克服自己的弱点，长期以往就会成为意志坚定的人。

靠自己的努力收获想要的一切

写作关键词：垃圾　孩子

结果的好坏取决于你自己

话说有一头驴，不慎掉到了一个很深很深的废弃的陷阱里。主人权衡一下，认为救它上来费时费力不划算，于是就走了，只留下孤零零的驴自己。每天，还有人往陷阱里面倒垃圾，驴很生气：自己真倒霉，掉到了陷阱里，主人不要我了，就连死也不让我死得舒服点，每天还有那么多垃圾扔在我身上。可是有一天，它的思维发生了转变，它决定改变它的“驴生”态度。于是，它每天都把人们扔在它身上的垃圾抖掉并踩到自己的脚下，而不是被垃圾所淹没，并从垃圾中找些残羹来维持自己的体能。终于有一天，垃圾成为它的垫脚石，使它重新回到了地面上。

这个孩子出生于苏格兰，父亲以手工纺织亚麻格子布为生，母亲则以缝鞋为业。后来，他们一家人实在混不下去了，不得不移居美国。在美国，他到纺织厂当过童工、烧过锅炉、在油池里浸过纱管、送过信。送信期间，由于苦练出高超的电报技术，他被一家铁路公司聘为职员。在这家公司工作的10多年

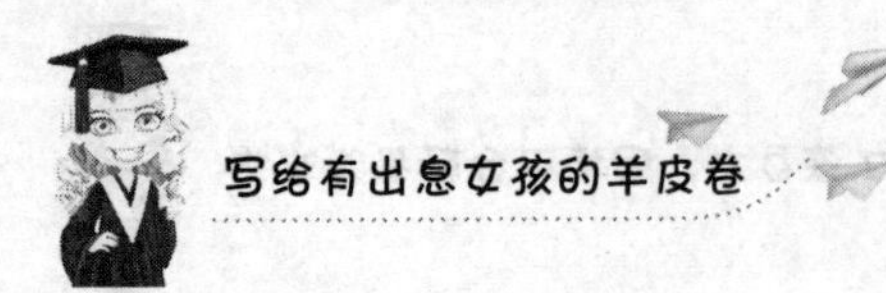

中，他非常勤奋，得到了晋升，但仍然不算富有，第一次参与股票投资的时候，家里的全部积蓄不超过60美元。他与母亲商量，以房屋作抵押来贷款，方才买到了共计600美元的股票。他就是后来闻名世界的钢铁大王卡内基，与洛克菲勒、摩根并列为当时美国经济界的三大巨头之一。

这个孩子出生在匈牙利一个普通小镇，年幼时衣食无忧，但自从父亲去世后家境每况愈下。母亲改嫁，他和继父关系不好，这使他吃了不少苦头。17岁时，他从海上偷渡到了美国。最初，他想当个军人，不料屡屡碰壁，几经辗转终于当上了骑兵。但战事很快结束了，他留在了纽约。后来到了美国西部，他做过骡夫、水手、建筑工人、码头苦力、餐厅跑堂和马车夫，然而没有一样是他感兴趣的。后来，他在图书馆找到了一份差事，每天为图书馆工作两小时，换取可以任意借阅图书的便利。他就是后来美国新闻界的旗手、骄兵普利策，以他名字命名的“普利策”新闻奖，至今仍是美国新闻界的最高荣誉。

女孩要明白成功与努力是成正比的，努力的多才会拥有更多。努力才会有收获，不努力就一定不会有收获。没有什么是不可能的，只看你努力的够不够，这才是真正的道理。

知识窗

普利策小说奖（Pulitzer Prize for Fiction）是美国最著名的文学奖项之一，是根据美籍匈牙利人约瑟夫·普利策的遗愿设立的普利策奖的其中一个奖项，只颁给美国国籍的作家。普利策小说奖从1917年开始颁发，1948年才改称现在的英文名字。

普利策小说奖是美国最悠久和最著名的文学奖项之一，曾有很多著名作家获得过该奖项，包括辛克莱·刘易斯、赛珍珠、海明威、福克纳、约翰·史坦贝克、索尔·贝娄、托妮·莫里森等诺贝尔文学奖得主，获奖作品包括《纯真

年代》《飘》《老人与海》《愤怒的葡萄》《杀死一只知更鸟》等经典名著。普利策小说奖和美国国家图书奖被视为美国最权威的两个文学奖项。

为你支招

女孩，如何努力得到未来？

1.女孩要知道为什么努力

女孩要有自己的目标，并向着目标不断努力。有一句话说努力不一定会成功，但是不努力就一定不会成功，所以我们为了实现自己的梦想，就要从小事做起，从点点滴滴做起，只有长期的积累才会取得更大的成果。女孩为了自己过得更好，拥有更多就需要努力，让自己变得更强，并在努力中收获成果。

2.女孩会在努力中收获什么

女孩在努力中收获累累硕果，成果会让人心动，过程也同样精彩。为了有收获，就需要努力，享受在努力的过程中的快乐与充实，在人生的道路上添加美丽的色彩。比如说你努力学习了，有可能别人比你更努力，也有可能是运气问题，不一定能取得理想成绩，但是你努力过了，就不会因为没有努力学习而遗憾，你的青春是无悔的。但是如果你不努力，就一定不会成功。

3.女孩用努力改变自己

女孩需要在生活中保持良好的心态努力学习，让自己更优秀，让成绩更好。通过学习努力提高自己的气质，多看有益处的书，让自己的知识更加丰富，成为一个优秀的女孩。

第03章

女孩重诺有担当，柔弱的肩膀也能挑起大梁

女孩要知道许下承诺就一定要完成，不轻易许下自己无法兑现的诺言，即使许下了让自己困扰的诺言，就需要努力奋斗去完成自己的承诺，不要推卸自己的责任。接下来就告诉女孩怎样，激发自己的潜力，努力完成自己的责任就会成功。

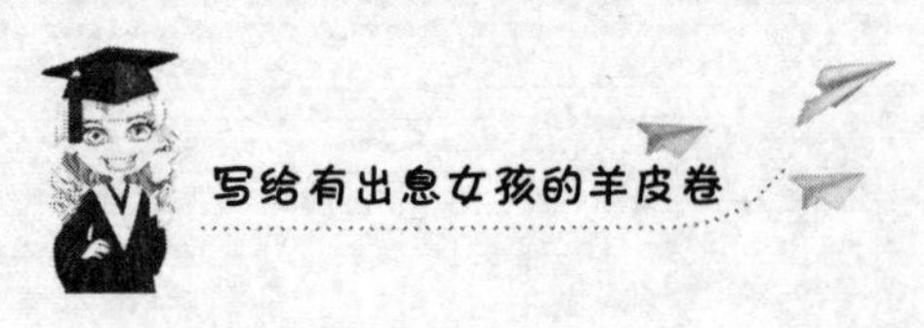

做一个言而有信的重诺女孩

写作关键词：诚信　承诺

诚信的幸福

在一次部队越野赛中，一个士兵不善于长跑很快就落后于人。转过了几道弯，遇到了一个岔路口，一条路标明是军官跑的路；另一条路标明是士兵跑的小径。他停顿了一下，虽然感觉对军官有优待有不满，还是向士兵跑的小径跑去。没想到过了半小时后到达终点，却是名列第一。他感到不可思议，自己从没取得过名次，连前五十都没有进过。但是主持赛跑的军官笑着恭喜他取得了比赛的胜利。过了几个钟头后，大批人马到了，他们跑得筋疲力尽，看见他赢得了胜利，也觉得奇怪。但是突然大家醒悟过来：原来大家都选了军官的路，然而军官的路比士兵的路远得多。

早年尼泊尔的喜马拉雅山南麓很少有外国人来旅游。现在却有许多日本人到这里观光旅游，据说这是源于一位少年的诚信。一天，几位日本摄影师请当地一位少年代买啤酒，这位少年跑了三个多小时。第二天，那个少年又自告奋勇地再替他们买啤酒。这次摄影师们给了他很多钱，但是第三天下午那个少年

还没回来。于是，摄影师们议论纷纷，都认为那个少年把钱骗走了。第三天夜里，那个少年却敲开了摄影师的门。原来，他在一个地方只购得4瓶啤酒，于是，他又翻了一座山，趟过一条河才购得另外6瓶，返回时摔坏了3瓶。他哭着拿着碎玻璃片，向摄影师交回零钱，在场的人无不动容。这个故事使许多外国人深受感动。后来，到这儿的游客就越来越多。

女孩也要记住：承诺是重要的，更是一个人做事的原则，没有原则的人就不能把事情做好。不要轻易许诺，既然答应了别人，就一定要做到，这是信守承诺的基本。信守承诺是衡量朋友关系的标准，如果答应朋友的事却没有做还有什么诚信可言。我们要做一个有承诺的人。

知识窗

尼泊尔，为南亚山区内陆国家，是世界三大宗教之一佛教的发源地，位于喜马拉雅山脉南麓，北与中华人民共和国西藏自治区相接，东与印度共和国锡金邦为邻，西部和南部与印度共和国西孟加拉邦、比哈尔邦、北方邦和北阿坎德邦接壤。

为你支招

女孩，如何拥有诚信？

1.许下承诺就要做到

承诺是朋友间的责任，女孩子要清楚，许下诺言就意味着自己应该承担的责任，如果没有兑现就会损害自己在朋友之间的信誉。一定要认真地看待承诺对方的事情，既然答应了就要做到，做不到可以不去承诺，这是对对方负责更是对自己负责。

2.做真诚的女孩

一个女孩要有一颗真诚的心，不要被现实的繁华所迷惑。人与人之间要真诚相待，要用真诚打动对方。原谅别人的错误自己也会变得快乐，人各有不足，在发生矛盾时，多想想自己的不足就容易解决问题。

3.要做宽容的女孩

女孩拥有宽容大度的心态，可以提高自身的道德修养。有人说宽容是一种美德，为他人着想，宽容地对待别人都是高尚的品德。女孩子不要去计较别人的是非对错，要从客观的角度看待事物，不要被眼前的利益蒙蔽双眼。

沉得下心的女孩，才有飞得高远的能力

写作关键词：稳重　心静

懂得沉稳

蔡文姬名琰，既字文姬，又字明姬，她的父亲便是大名鼎鼎的大儒蔡邕。据《后汉书·董祀妻传》，蔡文姬为陈留郡国（今河南）人，汉末著名才女，史书说她“博学而有才辨，又妙于音律。”著有《悲愤诗》《胡笳十八拍》等。

她6岁时听父亲在大厅中弹琴，隔着墙壁就听出了父亲把第一根弦弹断的声音。其父惊讶之余，又故意将第四根弦弄断，居然又被她指出，长大后她更是琴艺超人。蔡文姬16岁时嫁给卫仲道，卫家当时是河东世族，卫仲道更是出色的大学子，夫妇两人恩爱有加，可惜好景不长，不到一年，卫仲道便因咯血而死。献帝兴平年间，时值天下动乱，四处交兵，蔡文姬被南匈奴所掳，没入左贤王名下，在匈奴十二年，生二子。在这期间她一直没有忘记父亲对自己的教导，以及归乡的心愿。

父亲蔡邕是曹操的挚友，著名学者。曹操出于对故人蔡邕的怜惜与怀念，

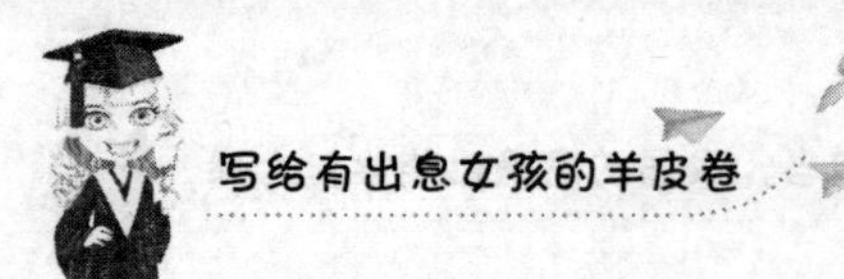

乃遣使者以金璧将蔡文姬从匈奴赎回国中，让她整理蔡邕所遗书籍四百余篇，为中国文化的传播作出了贡献。这就是我国历史上被盛传为佳话的“文姬归汉”的故事。

她在胡地日夜思念故土，回汉后参考胡人声调，结合自己的悲惨经历，创作了哀怨惆怅、令人断肠的琴曲《胡笳十八拍》；再嫁董祀后，感伤乱离，作《悲愤诗》，是中国诗史上第一首自传体的五言长篇叙事诗。《悲愤诗》载于《汉书》，诗倾述战乱之苦及归汉时母子别离之惨，哀怨激愤，感人至深。

蔡文姬的故事告诉我们人生起起落落不是一帆风顺的，只有坚定的信念和平稳的心态才会成功。女孩子在遇到磨难时要懂得在时间中沉淀自己，在等待中磨练自己的心性。只有坚定自己的信念才会成功。

知识窗

古代的音律

宫、商、角、徵、羽是我国五声音阶中五个不同音的名称，类似现在简谱中的1、2、3、5、6。即宫等于1（Do），商等于2（Re），角等于3（Mi），徵等于5（Sol），羽等于6（La）。五音是指角、徵、宫、商、羽，其对应五行五脏是木、火、土、金、水及肝、心、脾、肺、肾。五音不止与脏腑相应，而且与相关的脏腑十二经络都有相应震动刺激的作用。

为你支招

女孩，如何在生活中稳重做事？

1.不要急于求成

女孩子要记住，急于求成往往会适得其反，只有准备好自己的武器才会战

无不胜。不要因为时间短就有了急迫的心情，只要一步一步踏实地来，就没有什么是做不到的。相信自己的选择就一路走下去，在不断地学习中沉淀自己的底蕴，人生就会璀璨夺目。

2.有主见的选择

女孩子要有自己的主见，懂得选择自己想要的事物，追求的目标。在自己的思想空间里为理想的目标努力，遇到挫折认真看待，不惧怕嘲讽，坚持自己的主见，这样才不会被路边的绊脚石阻碍前进的步伐。

3.具有平稳的心态

良好的心态决定了对事物发展的进程。“谦虚使人进步，骄傲使人落后”，不要用强硬的手段赢得胜利，女孩子要用平稳的心态决定事物的发展。不要被利益蒙蔽双眼，要懂得心态的重要性，这样才会成为一个稳重的女孩。

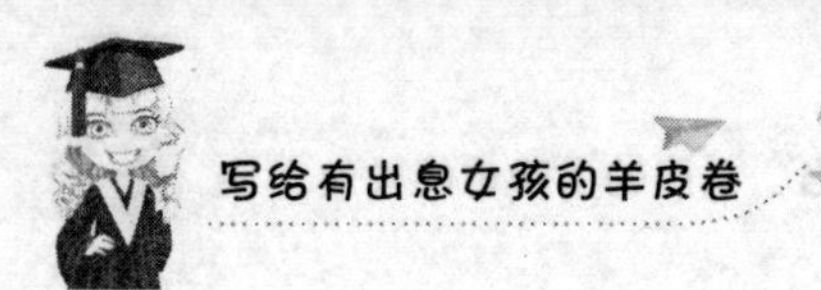

怀着高度责任感，你会更加优秀

写作关键词：花朵　照顾

海拉蒂的花

海拉蒂今年四岁半了，在萨尔马多城上幼儿园，最近她在学习有关植物方面的知识。海拉蒂迷上了植物，她觉得那些花草实在是太美了，便苦苦地哀求爸爸给她买一盆鲜花。爸爸同意了海拉蒂的请求，趁周末带着海拉蒂到花卉市场买了一盆小花。父亲希望海拉蒂看到小花生长的整个过程，并且能够自己照顾它。于是，父亲和海拉蒂约定，由海拉蒂负责照顾鲜花，给它浇水和施肥。

最初几天，海拉蒂非常兴奋，每天耐心地给小花浇水，还根据日照的情况，不断给花盆挪动位置，并拿出本子，歪歪扭扭地在上面画出花卉生长的情况。

海拉蒂的父亲看到小海拉蒂这么有责任心，十分满意。可是，没过多久，海拉蒂的父亲发现小海拉蒂给花浇水的次数越来越少了，甚至好多天都不给小花浇水，也不做记录，似乎她已经把养花的事给忘了。结果，小花慢慢枯萎了，叶子也开始泛黄，生长的速度减慢了，再过几天，这盆花就快死了。

吃过晚饭，海拉蒂父亲把海拉蒂叫到阳台，说：“你给花浇水了吗？”

海拉蒂低着头说：“没有。”

“为什么没有？”

“我……”

“我们在买这盆花的时候，是怎么说的？由谁负责给这盆花浇水？”

海拉蒂沉默不语。

“你看，这盆花多么的伤心、悲哀！她失去了美丽的叶子变得枯黄，而这都是因为你。”

以后的日子里，海拉蒂每天坚持给花浇水，小花不久又恢复了以往漂亮的颜色。责任是人生历程的变化，随着时间的推移责任就会越来越多，我们也要像小海拉蒂学习，要懂得责任的重要性，既是对自己负责更是对他人负责。

知识窗

种花浇水的时间

浇水时间：如果是冬季，上午10点至下午3点会比较好；如果是夏季，则在上午或黄昏比较好，越炎热越要避开正午。现在这个季节，早晨9：30~10：00这段时间花的所有部位都容易吸收；傍晚4：30~6：00花可以保存充足的水分浇水。要干了再浇（但要注意不能过干），浇要浇透，不能浇半截水；也不能积水，不能浇得太勤。

为你支招

女孩，如何做负责任的女孩？

1.树立责任心

我们从小就要知道责任的重要。责任是现在社会上的必须承担的一项职能，有无责任心更是衡量一个人品质的标准。女孩子们要对自己有一定的自信这样才会更好承担应该承担的责任。

2.持之以恒的决心

女孩在做事情时一定要有持之以恒的决心，不可以三天打鱼两天晒网。决定人生的成败有时候就是坚持的决心，一定要相信自己可以做到，用实际行动来证明，从小事磨练自己，让自己变得更强大。

3.正视自己的态度

女孩子一定要记住态度决定一切，在责任中态度是决定一切的关键因素。只有把态度摆正才会真正理解责任的意义，在人生历程中怀揣怎样的态度就决定了道路的走向。道路的宽窄就是心态决定的，女孩一定要用积极的态度走在人生的道路上。

人可以不伟大，但不可以没有责任感

写作关键词：责任 温馨

责任感的重要

20世纪初的一位美国意大利移民曾为人类精神历史写下灿烂光辉的一笔。他叫弗兰克，经过长期的积蓄开办了一家小银行。但一次银行抢劫导致了他不平凡的经历。他破了产，储户失去了存款。当他拖着妻子和四个儿女从头开始的时候，他决定偿还那笔天文数字般的存款。所有的人都劝他："你为什么要这样做呢？这件事你是没有责任的。"但他回答："是的，在法律上也许我没有，但在道义上，我有责任，我应该还钱。"

5岁的汉克和爸爸妈妈哥哥一起到森林干活，突然间下起雨来，可是他们只带了一件雨披。爸爸将雨披给了妈妈，妈妈给了哥哥，哥哥又给了汉克。汉克问道："为什么爸爸给了妈妈，妈妈给了哥哥，哥哥又给了我呢？"爸爸回答道："因为爸爸比妈妈强大，妈妈比哥哥强大，哥哥又比你强大呀，我们都会保护比较弱小的人。"汉克左右看了看，跑过去将雨披撑开来挡在了一朵风雨中飘摇的娇弱的小花上面。

这个故事告诉我们，真正的强者不一定是多有力或者多有钱的人，而是他对别人多有帮助。

责任可以让我们将事情做完整，爱可以让我们将事情做好。

女孩子一定要做个可以承担责任的人，平凡人因为责任也会成为伟大的人，不要畏惧困难，迎难而上做坚强的女孩。随着人生历程的改变我们要承担的责任会越来越多，要勇于承担责任，在承担责任中变得更加成熟，更有力量。

知识窗

中国最早的银行

中国的银行肇始于1897年。第一家银行是李鸿章办洋务运动的得力助手、铁路总监盛宣怀创办的商办银行——中国通商银行，资金500万两，股东为封建官僚、买办及钱庄的资本家。它被允许发行银元和银两两种钞票，最高面额为一百元（两）。这种银行券，一面为中文，一面为英文。中文一面印有“中国通商银行钞票永远通用”、“认票不认人”字样；英文的一面则有聘请的英籍经理美伦德的签字。

为你支招

女孩，如何用责任感改变未来？

1.女孩要树立自身价值观

女孩子刚刚接触社会难免受到社会现象的不良影响。这会减弱女孩在社会闯荡的信心。女孩只要用自信的笑容打败逆境中的困难，树立正确的自身价值观，把自己摆放在正确的位置上，就会取得胜利。

2.女孩要有一颗拼搏的心

现在这个时代女孩和男孩没有什么不同的地方，都是要努力成为一个有才

华的精英。不要找借口放弃自己的努力，勇于拼搏才会取得胜利。

3.女孩要坚守自己的责任

女孩子要勇于承担自己的责任，在责任中磨练自己的意志，增强自己的阅历，学会在责任中进步，在压力中成长，塑造自己的气质与风格，坚守自己的责任，勇敢承担自己应承担的责任。做个坚强的快乐女孩。

坚守一份责任，拒绝三分钟热度

写作关键词：坚持　胜利

发明大王的试验

“发明大王”爱迪生一生有两千多项发明，为人类做出了巨大的贡献。然而每一项发明无不凝结着坚持的力量，为了发明，爱迪生一次次的试验一次次的失败，很多专家都认为电灯的前途黯淡无光，英国一些著名专家甚至讥讽爱迪生的研究是毫无意义的，一些记者也报道爱迪生的理想已经成为泡影。

面对失败和别人的冷嘲热讽爱迪生没有退缩，他明白每一次的失败意味着又向胜利前进了一步，经过了13个月的艰苦奋斗，使用了六千多种材料，试验了七千多次，每一次的试验都是重新的开始，可是爱迪生一直坚信着自己的信念，最终有了突破性的进展，从此人们不受黑夜的限制，拥有了明亮的灯光。所以当我们看到明亮的灯光时，不要忘记这是一个发明家的坚持成就了现在的我们。

如果没有爱迪生的坚持就没有现在的电灯，我们可能还在黑夜中用着烛光。每一次试验的失败都是一种压力，爱迪生的坚持和自身的责任成就了他的

成功。女孩们一定要记住做什么都不要半途而废，爱迪生试验了七千次才获得成功，所以我们要更加的努力，不要因为困难而放弃自己要承担的责任。勇于面对困难与逆境，坚持不懈的努力才是成功的秘诀。

知识窗

灯的出现在电灯问世以前，人们普遍使用的照明工具是煤油灯或煤气灯。这种灯因为燃烧煤油或煤气，因此有浓烈的黑烟和刺鼻的臭味，并且要经常添加燃料、擦洗灯罩，因而很不方便。更严重的是，这种灯很容易引起火灾，酿成大祸。多少年来，很多科学家想尽办法，想发明一种既安全又方便的灯。

19世纪初，英国一位化学家用2000节电池和两根炭棒，制成世界上第一盏弧光灯。但这种灯光线太强，只能安装在街道或广场上，普通家庭无法使用。无数科学家为此绞尽脑汁，想制造一种价廉物美、经久耐用的家用电灯。

这一天终于来到了。1879年10月21日，一位美国发明家通过长期的反复试验，终于点亮了世界上第一盏有实用价值的电灯。从此，这位发明家的名字，就像他发明的电灯一样，走入了千家万户。他就是被后人赞誉为“发明大王”的爱迪生。

为你支招

女孩，如何用责任感改变未来？

1.女孩要学会坚持

女孩子如果没有坚持的心就会一事无成。在平时的生活中无论做什么事都不要半途而废，三天打鱼两天晒网。这样就要开始反思自己的过错，要坚持住自己的心不要被外部因素所影响，这样不仅不会成功反而会离成功越来越远。

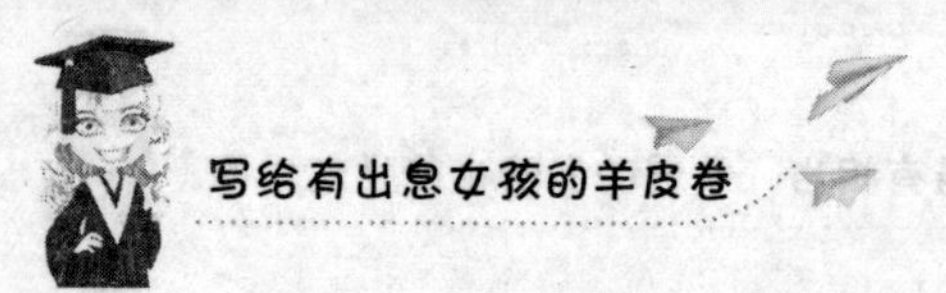

2.女孩要学会耐心

女孩子性格温柔是一个优点，女孩子的耐心会比男孩子多一些这是一个优势，耐心就是在你心情烦躁的时候如一丝清泉顺流而过，用耐心的态度来做你必须去完成的事情。学会耐心才能让智慧的光亮不断指引前进的方向。

3.女孩子要学会专心

专心做事的女孩最可爱。一个女孩子专注地做一件事就是成功的人，不要小看一件事情，在小事情中才有大智慧，古话说“贪多嚼不烂”这不是没有道理的，当你做一件事时却想着别的事情，这样两件事就都做不好，只要专注于一件事，无论时间的长短都会有成功的一天，女孩子学会专心地做一件事，胜利就不远了。

第04章

勤于读书多思考，做眼界开阔的公主

一个女孩不要虚度光阴，要做一个勤奋好学有气质的淑女，这就需要一个让自己成长的方法，多读书多思考，在书中开阔自己的眼界提升自己的气度，在书的海洋中翱翔，插上勇敢的翅膀，带着自己去更远的地方畅想未来。一杯清茶，一本书不仅陶冶了情操，更加提升了自我的修养气质，做一个爱读书的女孩吧。

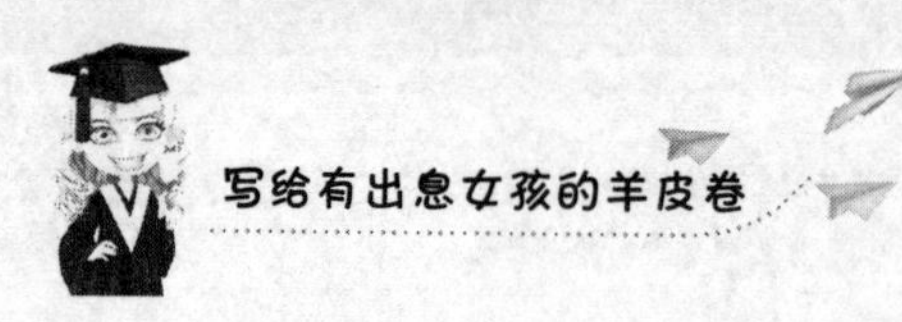

读书改变命运，知识成就人生

写作关键词：知识　读书

喜爱读书

西汉时候，有个农民的孩子，叫匡衡。他小时候很想读书，可是因为家里穷，没钱上学。后来，他跟一个亲戚学认字，才有了看书的能力。匡衡买不起书，只好借书来读。那个时候，书是非常贵重的，有书的人不肯轻易借给别人。匡衡就在农忙的时节，给有钱的人家打短工，不要工钱，只求人家借书给他看。

过了几年，匡衡长大了，成了家里的主要劳动力。他一天到晚在地里干活，只有中午歇晌的时候，才有工夫看一点书，所以一卷书常常要十天半月才能够读完。匡衡很着急，心里想：白天种庄稼，没有时间看书，我可以多利用一些晚上的时间来看书。可是匡衡家里很穷，买不起点灯的油，怎么办呢？

有一天晚上，匡衡躺在床上背白天读过的书。背着背着，突然看到东边的墙壁上透过来一线亮光。他嚯地站起来，走到墙壁边一看，原来从壁缝里透过来的是邻居的灯光。于是，匡衡想了一个办法：他拿了一把小刀，把墙缝挖大了一些。这样，透过来的光亮也大了，他就借着透进来的灯光，读起书来。匡

衡就是这样刻苦学习的，后来成了一个很有学问的人。

匡衡的故事告诉我们，努力学习才可以掌握自己的命运，只有在知识的海洋中遨游才会掌握更多的本领，才能改变自己。女孩子一定要多学习知识，现在不是“女子无才便是德”的时代，要在新时代中用知识武装自己才能够主宰自己的命运。

知识窗

匡衡，字稚圭，西汉后期人，生卒年不详，西汉经学家，官至丞相，曾以“凿壁偷光”的苦读事迹名世，祖籍东海郡丞邑（今枣庄市峄城区），“至衡始迁居邹邑（今邹城市）羊下村”（据朱承命修《邹县志》）。

为你支招

女孩，如何用知识提升自己？

1.女孩子要多学知识

“活到老，学到老”这是大家常说的话，女孩子一定常常在自己的长辈口中听过，这不止是一句话那样简单，知识多了才会体现出不一样的气质，优雅的谈吐与交流都会给人眼前一亮的感觉。

2.女孩子要用内涵武装自己

一个女孩子不能只看外貌而是要看内在，拥有丰富的知识，修养就会更上一层楼。不凡的谈吐修养给接触你的人带来不一样的感觉，用积极的态度改变生活中的忧患问题。用知识改变自己的困境，做个有思想、有内涵的女孩。

3.女孩子要敢做敢爱

一个女孩最美好是时期就是20岁的花季，青春年华值得倔强一下、骄傲一下，肆意地笑，做最真实的自己。用知识丰富自己，提高自己内心境界，用气质征服一切。把自己留给会欣赏、有品位的人，不要轻易地被现实摧垮，勇敢地做自己想做的事，世界很广阔，女孩子就要放肆地追求自己的青春。

读书可以让你成为自己最大的宝藏

写作关键词：读书 成就

读书的“怪想法”

东汉时候，有个人名叫孙敬，是著名的政治家。开始由于知识浅薄得不到重用，连家里人都看不起他，使他大受刺激，下决心认真钻研。经常关起门，独自一人不停地读书。每天从早到晚读书，常常是废寝忘食。读书时间长，劳累了，还不休息。时间久了，疲倦得直打瞌睡。他怕影响自己的读书学习，就想出了一个特别的办法。古时候，男子的头发很长。他就找一根绳子，一头牢牢地绑在房梁上。当他读书疲劳时打盹了，头一低，绳子就会牵住头发，这样就会把头皮扯痛了，马上就清醒了，继续读书学习。

从此，每天晚上读书时，他都用这种办法，这就是孙敬“悬梁”的故事。年复一年地刻苦学习，使孙敬饱读诗书，博学多才，成为一名通晓古今的大学问家。

苏秦，字季子，战国时著名的纵横家，是东周洛阳乘轩里（洛阳李楼乡太平庄）人，少时便有大志，随鬼谷子学习多年。为求取功名，他变卖家产，置

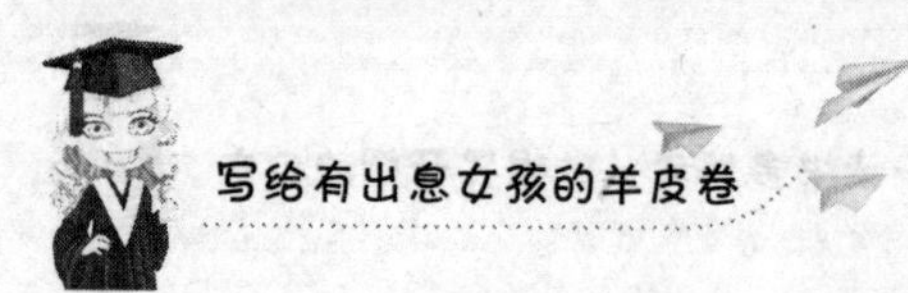

办华丽行装，去秦游说秦惠王，欲以连横之术逐步统一中国，未被采纳。

由于在秦时日太久，以致盘缠将尽，只好衣衫褴褛地返回家中。亲人见他如此落魄，都对他十分冷淡。苏秦羞愧难当，下决心用功学习，便拿出师傅送给他的《阴符》一书，昼夜苦读起来。读书时他准备了一把锥子，一打瞌睡，便用锥子往自己的大腿上刺，强迫自己清醒过来，专心读书。如此这般坚持了一年，他再次周游列国。这次终于说服齐、楚、燕、韩、赵、魏“合纵”抗秦，并手握六国相印。苏秦缔约六国，联合抗秦，投纵约书予秦，使秦王不敢窥函谷关达15年之久。这就是苏秦“刺股”的故事。

女孩要热爱读书，用知识丰富自己，在社会中很多烦躁的心情都会影响生活中的点滴，这时读一本书就会使心灵得到抚慰，在书的海洋中净化心灵，感悟人生。读书让女孩的心如清泉流淌，得到滋润。

知识窗

悬梁刺股：词语本意为因怕困倦影响学习，而把头发束起来吊在屋梁上，用锥子刺大腿，形容勤学苦读。意思是只要付出时间和精力，就会有收获。也说的是只要下工夫，就会有收获，用以激励人发愤读书学习。悬梁刺股作为刻苦学习的成语典故，故事源自战国的苏秦和东汉的孙敬。

为你支招

女孩，如何提高素质，做有学问的女孩？

1.女孩读书提高阅历

一个女孩子多读书才会有智慧，有思想，有丰富的人生阅历，看到自己的不足并找到方法改变自己。女孩子的阅历并不一定需要经历多少而可以在读书

中增长见闻，在书中读到的前辈的警示经历都是不可多得的人生经验。

2.女孩读书增加智慧

一个女孩子除了美貌还要有智慧，用智慧武装自己，拥有了知识就有了智慧。女孩要做一个有智慧的人，在读书中增加知识量，在知识的海洋中翱翔，绽放智慧的光芒。美貌不是永久的，总有一天会消失，而智慧却会越来越多，智慧在人生的长河中慢慢地累积沉淀出高高的陆地，女孩就要多读书，做个有智慧的女孩。

3.女孩多读书，学会思考

女孩子多读书就会得到知识，知识的力量是无穷的，只有多读书才会有改变自己的力量。女孩在读书中懂得知识，学会思考，明白自己想要什么做一个什么样的女孩，思考人生自己的定位与理想。女孩拥有了知识就会善于思考自己的人生，选择把握自己的人生，做生活的强者。

女孩应该养成每天读书的习惯

写作关键词：读书 勤奋

珍惜读书

车胤，字武子，晋代南平（今湖北公安市）人，他的祖父车浚，三国时期做过东吴的会稽太守。因灾荒请求赈济百姓，被昏庸的吴主孙皓处死，此后车胤的家境就一贫如洗了。车胤立志苦读，广泛涉猎各种知识，太守王胡之曾对他的父亲车育说："此儿当大兴卿门，可使专学"。因家中贫寒，晚上看书没钱点灯。一个夏天的晚上，他正坐在院子里默默背书，见到许多萤火虫在空中飞舞，像许多小灯在夜空中闪动，心中不由一亮，他立刻捉上一些萤火虫，把他们装在一个绢做的口袋里，萤光就照射出来。车胤借着萤火虫发出的微弱灯光，夜以继日地苦读。在他父亲的指导下，车胤终于成了一个很有学问的人，一生中做过吴兴太守、辅国将军、户部尚书等官职。

鲁迅在南京江南水师学堂读书时，因考试成绩优异，学校奖给他一枚金质奖章。他没有戴此奖章，作为炫耀自己的凭证，而是拿到鼓楼大街把它卖了，买回几本心爱的书和一串红辣椒。每当读书读到夜深人静、天寒体困时，他就

摘下一只辣椒，分成几片，放在嘴里咀嚼，直嚼得额头冒汗、眼里流泪、嘴里“唏唏”，顿时，周身发暖，困意消除，于是又捧起书来攻读。

我国著名的马克思主义经济学家、《资本论》最早的中文翻译者王亚南，1933年乘船去欧洲。客轮行至红海，突然巨浪滔天，船摇晃得使人无法站稳。这时，戴着眼镜的王亚南，手上拿着一本书，走进餐厅，恳求服务员说：“请你把我绑在这根柱子上吧！”服务员以为他是怕自己被浪头甩到海里去，就照他的话，将王亚南牢牢地绑在柱子上。绑好后，王亚南翻开书，聚精会神地读起来。船上的外国人看见了，无不向他投来惊异的目光，连声赞叹说：“啊！中国人，真了不起！”

这些事例告诉女孩也要爱读书，明白读书是生活中必不可少的一部分，知识可以改变自己的未来。一个女孩看什么书就知道她是怎么样的人，书与人是密不可分的，阅读的书多了就可以改变人生，女孩要对自己的人生有绝对的支配权利，让人生丰富多彩。

知识窗

新华书店

该书店在中共中央宣传部、中国出版集团之下，是国家官方的书店，也是官方刊物宣传与发售处之一，全国各地均有分店，截至2006年共有14000多个发售网点，各省会则有购书中心或书城等名义经营；在香港以“新华书城”名义在湾仔经营，在澳门则以“珠新图书公司”名义经营。现今分店招牌的题字为毛泽东在1948年12月于河北所题，现今的总店与发行所位于北京市西城区。

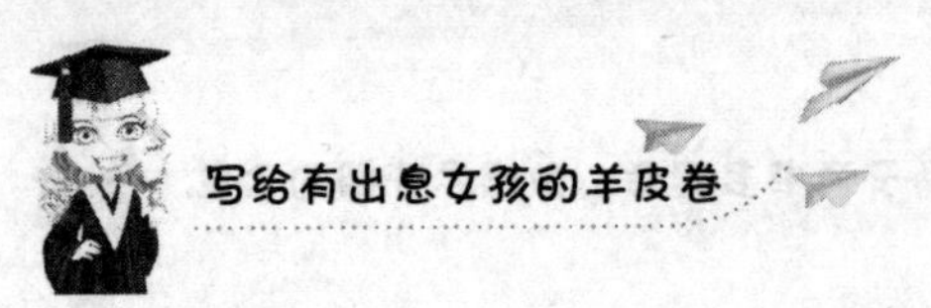

为你支招

女孩，如何做爱读书的女孩？

1.女孩要用心读书

女孩要读书，但是要选择适合自己的书，不仅要增加自己的学识，更要读高尚情操的书，书不是单一地看，要用心体会里面的深意。对于书中的深意，不同的女孩会有不同的理解，思考书中的内容建立自己的文化修养，用知识装扮自己，做一个优雅端庄的女孩。

2.女孩要常常读书

女孩要知道书中的世界是广阔的，在书的海洋中翱翔，会拥有绚烂的人生。每天看一点书就会产生不一样的效果，女孩子都有温柔的内心，经常读书的人，一眼就能从人群中分辨出来。特别是在为人处世上也会显得从容、得体。有人描述，经常读书必定言而有信。每一个合理的推导都会得出读书是幸福的结论。

3.女孩要用正确的态度读书

人唯一不可舍弃的就是读书，书中不只有黄金屋和颜如玉，更会提升人的道德境界和高雅气质。用正确的态度读书就会获取知识的不断累积，读书是人进步的阶梯，一步一步踏实地前进必会创造非凡的价值。

合理的学习计划让你离目标越来越近

写作关键词：学习　技巧

小科学家的思想

高斯7岁那年，父亲送他进了耶卡捷林宁国民小学，读书不久，高斯在数学上就显露出了常人难以比拟的天赋，最能证明这一点的是高斯十岁那年，教师彪特耐尔布置了一道很繁杂的计算题，要求学生把1到 100的所有整数加起来，教师刚叙述完题目，高斯即刻把写着答案的小石板交了上去。彪特耐尔起初并不在意这一举动，心想这个小家伙又在捣乱，但当他发现全班唯一正确的答案属于高斯时，才大吃一惊。而更使人吃惊的是高斯的算法，他发现：第一个数加最后一个数是101，第二个数加倒数第二个数的和也是101……共有50对这样的数，用101乘以50得到5050。这种算法是教师未曾教过的计算等级数的方法，高斯的才华使彪特耐尔十分激动，下课后特地向校长作了汇报，并声称自己已经没有什么可教给高斯的了，还特地从汉堡买来数学书送给高斯。

伟大的科学家爱迪生，童年时被视为“低能儿”，只上过三个月学便离开了学校。十二岁那年，他当上了火车上的报童。火车每天在底特律停留几小时，他就抓紧时间到市里最大的图书馆去读书。不管刮风下雨，从不间断。当时，他随着兴致所至，任意在书海里漫游，碰到一本读一本，既没有方向，也没有目标。有一天，爱迪生正在埋头读书，一位先生走过来问："你已读了多少书啦？"爱迪生回答："我读了十五英尺书了"。先生听后笑道："哪有这样计算读书的？你刚才读的那本书，和现在读的这本完全不同，你是根据什么原则选择书籍的呢？"爱迪生老老实实地回答："我是按书架上图书的次序读的。我想把这图书馆里所有的书，一本接着一本都读完。"先生认真地说："你的志向很远大。不过如果没有具体的目标，学习效果是不会好的。"这席话对爱迪生触动很大，成为他确立学习方向的一个转折点。他根据自己的爱好、兴趣和专业目标，把读书的范围逐步归拢到自然科学方面，特别注重电学和机械学。定向读书，终于使他掌握了系统而扎实的知识，成为伟大的科学发明家。

实践证明：学习的成功，关键在于方向正确，目标明确，朝着一个既定目标，锲而不舍地追求。朝三暮四，见异思迁，是很难做成学问的。

女孩子要记住学习是讲究技巧的，不是盲目地苦学而是要有选择地学。找到最适合自己的方法加以利用才会更加接近目标，有目标有计划只是一部分，加上技巧才会事半功倍。

知识窗

高斯的数学贡献

德国著名数学家、物理学家、天文学家、大地测量学家，近代数学奠基者之一。高斯被认为是历史上最重要的数学家之一，并享有"数学王子"之称。高斯和阿基米德、牛顿并列为世界三大数学家。一生成就极为丰硕，以他名字"高斯"命名的成果达110个，属数学家中之最。他对数论、代数、统计、分

析、微分几何、大地测量学、地球物理学、力学、静电学、天文学、矩阵理论和光学皆有贡献。

为你支招

女孩，如何在学习中找到诀窍？

1.女孩要在学习中寻找技巧

技巧是一个无形的东西，运用好技巧可以让人在捷径中前行。在学习中专注重点，由浅入深循序渐进才可以进步。学会运用技巧突破一个点就可以攻下困难，在学习中一定要应用技巧，在有限的时间里创造最大的学习效率，这就是技巧带来的优势。女孩一定要好好运用技巧做好自己的事情，才会有更大的突破。

2.女孩要合理制定计划

学习中拥有合理的计划做起事来才会井然有序，女孩要结合自己的实际情况制定出适合自己的计划。从小计划慢慢地做最终大计划也就完成了，不要把事情想得那么难，只要有计划地完成目标，距离成功就不远。女孩要学会制定计划，这是一个好的开始也是成功的关键。

3.女孩要学会选择

选择是一个纠结的问题，古人曾说过："鱼和熊掌不可兼得"说明选择很重要。女孩子在人生面临的选择中一定不要盲目，选择自己喜欢的适合自己的才是成功的选择。人生有很多的道路在某一个岔路上将面临着抉择，这个选择不会是第一个也不会是最后一个，但是既然选择了就要坚持下去，不要三心二意，一定要去完成自己的选择，这也是对自己负责任。

让图书馆成为你每周必去的休闲处所

写作关键词：阅读　快乐

名人读书

闻一多醉书

闻一多读书成瘾，一看就“醉”，就在他结婚的那天，洞房里张灯结彩，热闹非凡。大清早亲朋好友都来登门贺喜，直到迎亲的花轿快到家时，人们还到处找不到新郎。急的大家东寻西找，结果在书房里找到了他。他仍穿着旧袍，手里捧着一本书入了迷。怪不得人家说他不能看书，一看就要“醉”。

张广厚吃书

数学家张广厚有一次看到了一篇关于亏值得论文，觉得对自己的研究工作有用处，就一遍又一遍地反复阅读。这篇论文共20多页，他反反复复地念了半年多。因为经常的反复翻摸，洁白的书页上，留下一条明显的黑印。他的妻子对他开玩笑说，这哪叫念书啊，简直是吃书。

高尔基救书

世界文豪高尔基对书感情独深，爱书如命。有一次，他的房间失火了，他

首先抱起的是书籍，其他的任何东西他都不考虑。为了抢救书籍，他险些被烧死。他说：“书籍一面启示着我的智慧和心灵，一面帮助我在一片烂泥塘里站起来，如果不是书籍的话，我就沉没在这片泥塘里，我就要被愚蠢和下流淹死。”

知识窗

世界最美的图书馆

爱尔兰都柏林圣三学苑图书馆被公认为世界最美丽的图书馆，是爱尔兰最古老的图书馆，建立于1592年，图书馆收藏了圣三一学苑最古老的书，共有200000多册，其中有凯尔斯经、杜若经等爱尔兰经典作品。

为你支招

女孩，如何在阅读中享受生活？

1.女孩要懂得安静地读书

女孩要学会安静，只有安静的心才可以专注地学习，心态的平静是很重要的。图书馆是一个安静的地方，在这里心就会平静下来，有助于专注地阅读，享受读书的乐趣。女孩子一定要多来图书馆，提高精神的修养与内涵做一个气质女孩。

2.女孩要读书充实自己

女孩都喜欢美丽的事物，华丽的衣服、化妆品、装饰品千变万化的各种事物，但是不要忘记还有知识，在知识中我们得到的是比美貌更重要的东西。女孩的气质是需要长期“保养”的，增加学识会使气质有所提高，这才是女孩需要做的事情。

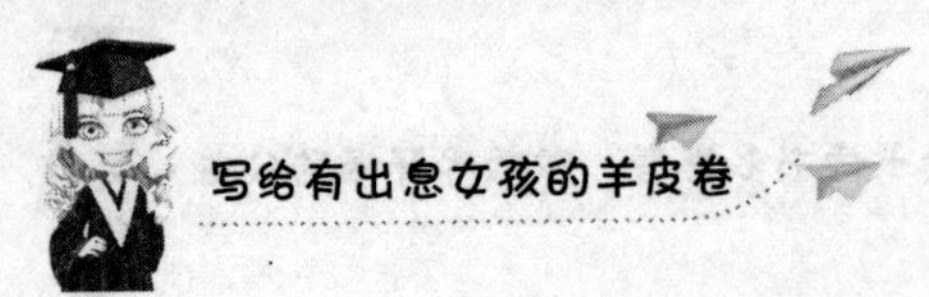

3.女孩要多去图书馆

现在时代不同了，电子书的产生对图书产生了一定的影响，但是图书馆依然是不可取代的场所，图书馆的氛围可以给女孩浮躁的心带来宁静的感觉，为女孩疲惫的心带来阳光的照耀，温暖而富有激情。女孩要常到图书馆积累知识，改变自己的心态，这会对生活也会有所帮助。休闲的场所一定要加上图书馆，尽情在知识的海洋中畅游。

成功者不一定是最聪明的人，但肯定是最勤奋的人

写作关键词：勤奋　聪明

不聪明的发明家

爱因斯坦小时候并不活泼，3岁多还不会讲话，父母很担心他是哑巴，曾带他去让医生检查。还好小爱因斯坦不是哑巴，可是直到9岁时讲话还不是很顺畅，所讲的每一句话都必须经过吃力但认真地思考。小爱因斯坦在常人眼里，并不是一个聪明的孩子，一方面是因为他不大会说，另一方面则因为他总是提出一些稀奇古怪的问题，让人觉得有些低能、傻气，大人们甚至怀疑他的智商是否有障碍。人们无法理解，这个幼小孩子所提出的貌似可笑无知的问题，原来出自对未知世界的强烈求知欲。

在爱因斯坦四五岁的时候，一天，爸爸送给他一件小玩具——罗盘。对新鲜事物充满好奇的小爱因斯坦为此心花怒放，立刻爱不释手地摆弄起来。罗盘中间有一根指北针，尖端一头涂着红色，颤巍巍地抖动着，总是顽固而坚定不移地指向北方。爱因斯坦小心翼翼地转动盘子，想偷偷改变指针的方向，但无论他怎样转来转去那根针就是不听指挥，红色的那端依然牢牢地指向北方。

小爱因斯坦急了，猛地一转身子，从朝北转向朝南，心想："这个指北针总该跟着我走了吧？"但是定睛一瞧，他不由大吃一惊：红色的一端依旧指着北。于是他翻来覆去地研究罗盘，想在指针周围找出那神秘的东西。但令他大失所望的是，他什么也没找到。这个童年之谜就此深深刻印在他的记忆中，挥之不去。也许，爱因斯坦日后对电磁场的深入研究，其灵感就是源于童年时代那谜一样的小玩具罗盘呢。

到了上学的年龄，与同龄孩子相比，小爱因斯坦依然显得十分木讷，动作迟缓呆笨。在班上，他的学习成绩很差，每次被老师叫起来背诵课文，便呆头呆脑一句也念不出来。同学们私下里都嘲笑他，认为他是一个"差劲的落伍生"。爱因斯坦就这样开始了他的求学生涯。他虽然很愚笨，然而却很善良、虔诚，同学们给他起了一个绰号叫"老实头"。

综观爱因斯坦的一生，可以说他不仅是一个伟大的科学家，又是一个富有哲学探索精神的杰出的思想家，同时也是一个有强烈正义感和社会责任感的世界公民。女孩也要向爱因斯坦学习，爱因斯坦不是天才却是个勤奋天才，他靠自己对事物的好奇做出解答的过程就是探索到了三大守恒定律。

知识窗

罗盘：中国古人认为，人的气场受宇宙的气场控制，人与宇宙和谐就是吉，人与宇宙不和谐就是凶。于是，他们凭着经验把宇宙中各个层次的信息，如天上的星宿、地上以五行为代表的万事万物、天干地支等，全部放在罗盘上。风水师则通过磁针的转动，寻找最适合特定人或特定事的方位或时间。尽管风水学中没有提到"磁场"的概念，但是罗盘上各圈层之间所讲究的方向、方位、间隔的配合，却暗含了"磁场"的规律。

为你支招

女孩，如何在勤奋中掌握成功?

1.女孩要做个勤奋的人

女孩要做成功的人就要先勤奋地为成功做准备，勤奋不是一个指某一个阶段而是长时间的战役，坚定的信念和不懈的努力才会成功。女孩不能懒惰，这样就会失去自我，距离失败就不远了，只有勤奋地向目标努力才会成功，我们不需要像伟人一样，但是也要为自己的理想奋斗。女孩就要做勤奋的人，刻苦学习才会成功。

2.女孩要有目标

女孩有了目标才知道自己要做什么，向目标努力距离成功才会不远。勤奋的女孩最美丽，为了更加接近目标所做的点点滴滴都会让人感动，女孩在人生的道路上一定要展现自我的魅力，才会成为快乐的女孩。

3.女孩要有求知欲

不懂就要问是老师常常告诉我们的一句话，女孩要时刻保持好奇心，对未知的事物有强烈的求知欲才会让自己更加优秀。女孩不要认为自己不懂东西大家会嘲笑你，大家会羡慕你对新事物的好奇，因为很多人现在都不会问为什么。天真活泼的女孩最具有吸引力，女孩的求知欲会让你更加受人喜爱。

第05章
聪明女孩知惜时，让青春过得更有价值

女孩们，现在的你们正处在人生中最珍贵的青春年华，在绽放美丽的同时不要忘了要积淀自己的资本价值，每天每时每刻都在努力工作学习的日子太枯燥，也不一定效率高，但最好能做自己喜欢的工作，如果不能也要在工作之余，积淀自己喜欢工作所需要的能力，从而以后有机会做自己喜欢的工作喜欢的事，让时间记录你的成长，酝酿出你的快乐与价值。

要努力就从现在开始

写作关键词：从浅入深　努力

从浅入深　雷厉风行

今天的你都做了些什么呢？是否感觉又是充实的一天？其实人的本性趋于懒惰的，所以有时你会觉得不想学习，不想阅读，很正常，不过常此以往可不行。不论曾经的你是怎样的散漫，知识匮乏，只要你从现在开始行动起来就是进步，就能从一点一滴的积累中逐步达到超越。

你在学习时，是不是会没两分钟就会困，有时困到额头撞桌子，只听咣的一声。古时候，有位叫孙敬的人，开始的时候也是读书很少，知识积累的少，不被重视，连家里人一看他这样都叹息甚至瞧不起他。他于是决心努力，就把头发系在房梁上，困的时候头皮就会疼就会清醒些。还有一位叫苏秦的人，先前也是因为知识少而不被理会，后来他也发奋，困了就用锥子刺大腿，疼痛让他清醒。最后这两位都成了有名的政治家。

作者特立独行的猫，豆瓣的小红人，新浪的小名博，很多家媒体专栏的作者及特约撰稿人，专栏作者、新浪教育求职频道的特约作者、“开复学生网”

成长顾问“星光成长计划”创始人。刚开始时文章写得稚嫩，但经过七年的每天工作之余两千多字的文字积淀，出了几部畅销书。

可能曾经的你，并不努力，很爱休闲，不过不要担心，因为你还有着一生，只要现在开始行动起来，就可以从一点一滴中丰富自己，与从前相比你努力过后的时间就更有价值，然而人生区区几十年，如果现在不开始努力，那匆匆的时光不会等待你，所以不要犹豫、不要等待，现在就行动起来吧！

知识窗

太过虚荣

毕业典礼上，校长宣布全年级第一名的同学上台领奖，可是叫了好一会儿，那位学生才慢慢地走上台。

后来，老师问那位学生说：“怎么了？是不是生病了？还是没听清楚？”

学生答：“不是的，我是怕其他同学没听清楚。”

为你支招

女孩们，我们要怎样去努力呢？

（1）做自己喜欢的事。很多时候我们被生存所困，其实能做自己喜欢的事或相关的事很重要。我们每天大多时间都在工作，如果能做自己喜欢的、擅长的、适合的事，那是一件很幸福的事，当然也不能只有梦想，在可以生存的基础上，不断积累经验提高自己的生活水平。

（2）工作之余积累经验。其实很多时候，我们喜欢的很多但是却很浅，这时我们要找到自己喜欢的大方向，结合实际，比如说，你想做编辑，可以考虑考一个编辑证，想写作，每天坚持从小的感悟写起，或是想做大做强，或丰富

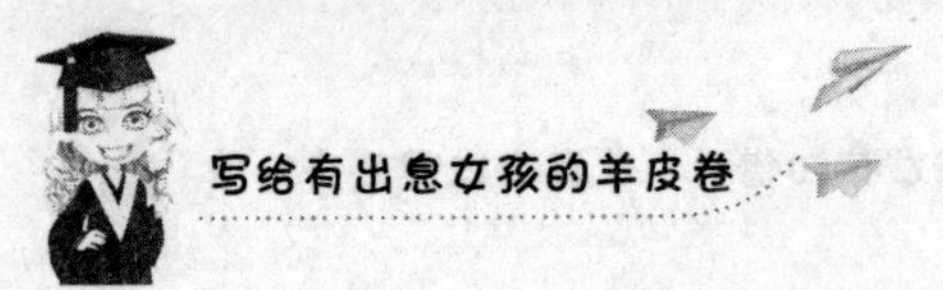

自己的知识领域，就要学英语，还有生活工作必须的工具计算机，可以精学些用得上的，这样一点点积累，就能让你更加丰厚。

（3）把握革命的本钱。很多人为了更好的生活，更丰厚的物质积淀，甚至放弃了自己的休息时间，或是不规律的生活，比如说熬夜、上夜班，如果现在的你因为生存还无法改变现状，那就开始在自己喜欢的领域或这个领域更专，这样有机会挑换岗位。现在有太多的年轻人，甚至二三十岁就早早去世了或是得了重病，革命的本钱都没有了，何谈努力呢！

（4）现在就开始尝试接触吧！大多数时候我们要找到自己真正喜欢的擅长的适合的，都是要不断在尝试接触中一点点明白的，所以如果平时有工作，可以尝试兼个职，看看是否对这个感兴趣，是否做得开心，如果可以的话，就可以尝试长期做下去，有时我们不可能一下就知道自己擅长的适合的是什么，只要不断地行动，不断地总结吸收，相信会有很大的收获。

从不浪费时间的人，没有工夫抱怨时间不够

写作关键词：时间管理调节情绪

把握时间　向前迈进

海伦·凯勒这个名字相信没有人不知道，很多人都被她对磨难的不屈服所感动，但她的努力同样受人敬仰。

在学习记知识时，她一直告诉自己：她要努力学更多的知识，成为一个有用的人。她每天坚持学习10多个小时，她的决心与信心支持着她不断地学习大量的知识，能熟练地背诵大量的诗词和名著的精彩片段。到后来，一本20万字的书，她用仅仅9个小时就能读完，并能记住它，说出文章的大意，还能写出读后感。海伦的记忆力在不断地努力学习下已经大大超过了大众水平。

据说，在哈佛大学读书的一个博士生听到海伦·凯勒的事迹后，要和她一比高下。在规定时间和教导员监督下，他们进行了3轮比赛，博士生彻底服了，恭敬地将博士帽戴给有真正才学的人，经过学习，海伦突破了基础关、语言关、写作关，先后学会了英、法、德、拉丁、希腊五种语言，出版了14部著作，受到社会各界的赞扬与夸奖。

作为女性海伦·凯勒并没有因为自己的不幸就抱怨人生，而是把时间都放在了提高自己上，从而她的努力弥补了她的不足，甚至也是因为她的执着给更多人力量，她的文字让更多人看见了希望。也许上帝是偏爱她的，因为它知道即使她的生活充满着不足，但她的生命力将超越那些不足而让她发光发热。

知识窗

海伦·凯勒的奋斗

海伦·凯勒是美国女作家、教育家、慈善家、社会活动家。毕业于美国拉德克利夫学院的海伦·凯勒，是一个聋盲人。她一岁半时突患急性脑出血病，连日的高烧使她昏迷不醒。当她苏醒过来，眼睛烧瞎了，耳朵烧聋了，嘴巴也不会说话了。

由于失去听觉，不能矫正发音的正误，她说话也含糊不清。对于一个残疾人来说，世界是一片黑暗和寂静，但她没有向命运屈服，在这样的情况下学会了读书、写字、说话，还创作出了多部作品。

为你支招

女孩们，怎样才能把握时间，快乐学习呢？

1.做好时间管理

现在的人很喜欢看手机，到哪里都离不开手机，当然手机里也有很多好的东西，不过要经过筛选才能了解到。我们用了大量时间看手机就无法看别的，所以我们要做好时间管理，要分清主次，计划是要有的，但不要占用太多时间，有时我会把一晚上的时间都拿来计划，但如果是比较重要的事还是要先思考再去做，而比如买什么菜之类的，就要看现实需要，还有我们可能会有很多

不懂的东西，我们会去查信息，但是还要把它总结下来，没事无聊时去翻看一下，这样才能把它变成你的，省了总去查的时间。

2.劳逸结合，调节好情绪

很多时候，我们觉得时间过得太快，我们还没做什么就过去了，所以总在那自责纠结，其实那是没有任何意义的，唯一有用的就是记得下次时要抓紧时间。人不可能一直精力充沛，就像每天中午我们要休息，下午才更有精力工作，所以要计划好，不能每天只做一件事，并且不停地做，每小时适当休息个十多分钟，但也不能只放松。很多时候我们会很累，生活上的种种，但记住你的时间是宝贵的，发愁并不能让一切变得更好，只有去找解决办法才能豁然开朗，所以有时这也是一份责任感，人不是木头，是可以调节的，就像放空，这时候把那些不开心的放在一边，可能做着做着无法解决的就忘了，能解决的就有希望了，所以必须行动起来。

3.提高工作效率

其实我们在那不认真地学习一天，有时甚至比不上学习半小时，所以不要比你学了多久而是要看你学了多少。太多的人学习只是空架势，有时我们是活在别人的眼中，当然这是不可避免的，但是我们的时间是自己的，如果你总是不能集中精力，就试试我的方法，每一个小时把你这个小时做的事情都写出来，并且总结，这就看出你都做了什么，收获了什么，每天学习都记、都总结，这样你就能清晰地了解自己，还有要时刻警觉，告诉自己要认真，人的大脑集中25分钟就需要休息，所以你需要靠你自己的意志力、自制力去真正地提高工作效率。

抱怨自责并不能让你变得优秀智慧，只有抓紧时间不断地行动，去充实自己，才能得到真正的提高，所以女孩们行动起来吧。

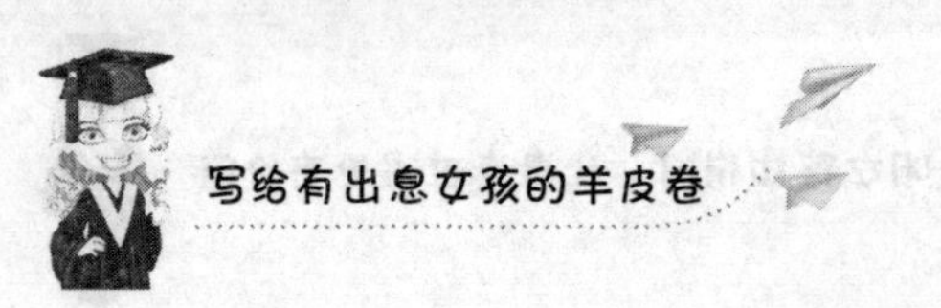

机遇钟情于勤奋不拖延的人

写作关键词：放松　自我激励

为自己鼓劲　战胜拖延

有个学妹问林爱儿：克服了拖延症，什么感受？

想了一会儿，她说：超级开心！

林爱儿大概是在两年前战胜拖延症的，目前没有复发迹象。我们对于战胜拖延症的标准是，在感觉到“将要拖延”的时候克制住自己的行为。

每个人都有“拖延”这种现象，不过要发展成症就会影响生活了，林爱儿发展成症的时候，已经严重影响到了生活，每天就是看看小说、看看电影、听听歌，在家里闲着，要学习的时候，就突击一番，根本没有效率，因为事情做得很差劲，导致在现实生活中经常受挫，最终导致丧失自信，病症更加严重。如果你决定一直这样生活，那么你的人生将会变得枯燥无味，并且与好身材、好成绩、好发展无缘。

后来林爱儿下决心不能这样生活，于是她开始蜕变，开始是做做计划，她发现生活中有许多有用的事可以去做，比如看书学习，运动健身等。于是她开

始计划每天早起学习，看看小散文，之后阅读一些寻找人生方向的书，每天上午锻炼两小时，跳健美操跑步做力量训练，开始时很吃力，总想着这做不好那做不好，后来她告诉自己就去做，累了就歇歇，不累就做，反正也没什么事。她是计算机专业的，于是她捡起了自己的老本行，开始学网页设计，想学做网站，就从DW、PS学起，她突然觉得生活充满了可能与希望，慢慢的身材变好了，人也精神了，并且掌握了一些技能，开始海投简历，找到了一些计算机的兼职工作。

生活就是这样，其实女孩们意识到自己拖延时就是好的，懂得反省就会有收获。生活丰富多彩，女孩们可以慢慢去体会，有句话是：机遇是给有准备的人的。现在优秀的人都变得努力了，那么女孩们只有更加努力才会有优势，所以只要当女孩们想起给自己充电时，就毫不犹豫地去做，并不断总结，不管结果怎样都是提升。

知识窗

什么是拖延症

拖延症是指自我调节失败，在能够预料后果有害的情况下，仍然把计划要做的事情往后推迟的一种行为。拖延是一种普遍存在的现象，一项调查显示大约75%的大学生认为自己有时拖延，50%的人认为自己一直拖延。严重的拖延症会对个体的身心健康带来消极影响，如出现强烈的自责情绪、负罪感，不断地自我否定、贬低，并伴有焦虑症、抑郁症等心理疾病，一旦出现这种状态，需要引起重视。

为你支招

女孩们，怎样对抗拖延呢？

1.允许自己走弯路

很多拖延症的人都是完美主义，希望自己各个方面都能做好，但又怕自己做不好。没有自信，最后就演变成拖延。其实这种想法是好的，但要培养自己的自信，允许自己做错，因为人只有在不断做错中总结反省才能真正知道该怎样做。自信是在你一点一点小成功上建立起来的，这时就需要你细心发现，不断鼓励自己。怎么会没有走过弯路的人呢，有句话叫吃亏是福，走弯路也许会累，但它锻炼你的耐力，直走可能头破血流，而总走弯路可能让你学会怎样走正确的路，所以年轻时去做去犯错，这样才能有所收获。

2.放宽心，理性看待成败

很多人想着年轻就功名成就，那你想过怎样去维持它呢？失败就真的那么丢人吗？其实我觉得失败也会不朽，只要你做了正确的事，岳飞与秦桧谁赢谁输，但正因为岳飞做了对国家人民都有益的事，所以它遭到的不是众人的唾弃。其实只要没有走到生命的尽头，失败了又如何，因为你还有反败为胜的机会，摩西奶奶80多岁办了自己的画展，姜子牙到了老年才得到重用。当然也不是功成名就就算成功，有一个喜欢的工作、幸福的家和懂事的孩子，为社会尽一份力都是成功，所以做正确的事就是成功，没什么好怕的。

3.自我激励，常沟通

我们都会有泄气的时候，但是我们可以通过自己的一点一点的自我鼓励不断给自己自信，因为自卑没有任何用处，它既不能帮你生存也不能帮你成长，所以你要做的就是学会自我激励，收集阳光，把每一件温暖的、有意义的事记下来，当你难过悲伤时，拿它出来，你会发现你的笑容常挂在嘴角。还有自己

不是万能的，有很多事情要和别人聊聊，别人就能给你出主意，就能看到新的希望，所以多请教别人也是很好的。这样就能有力量去坚持做事。

生活就是这样，难过自卑有用吗？没有，但是我们允许我们有情绪，但不是长久的，我们要关心自己，提醒自己，这样就能发现自己的问题，不断朝正确的方向迈进。

放下三分钟热度，多点专注力

写作关键词：察觉　克制

人的注意力集中时间最多在25分钟，很多时候我们的注意力不集中有这个原因在，还有就是我们常说的心里有事，就是有事比现在的工作还重要，这就需要我们不断调节，懂得集中和放松，还有就是把事情想开看开。

在提醒中不断克制自己

王晓瑜曾是一个三分钟热度的女孩，但到了毕业的时候，她不喜欢曾经所学的医疗专业，于是改学她喜欢的日语，可是平时她不太专心，以至于一直没有考上，后来她决心要把日语证拿下，就开始做计划，平时学累了就看看日语电影，听听日语歌，大部分时间还是把单词量和口语掌握好，开始时她也静不下心来学习，后来就告诉自己一发现自己在溜号，马上告诫自己，之后再学起来，这样几次她慢慢就能静下心来学习了，但效率也一般。只能坐住板凳，于是她给自己限时，学一段时间休息一会儿，换换脑子，于是慢慢地走入了学习的正轨，最后终于考下了日语证。

生活中有太多的事情诱惑着我们的思想，比如娱乐，唱个歌、吃个饭、

旅个游，人的本性是懒惰的，所以在休闲与工作中，思想也会选择休闲，所以这也是需要我们不断的提醒克制，这也算是一种考验。还有就是烦心事也会打扰我们的生活，比如今天同事对我大呼小叫了，老板把我给训了，还有家里父母病了，邻居互不理睬等，都可能让我们的思想飞一会儿，所以我们要尽量想开，看清问题的本质，了解我们要的是什么，之后想办法解决问题。我们不可能一直集中注意力，我们能做的是当我们察觉我们在溜号时，用自制力与责任心告诉自己，这件事情很重要，我要做好它，我要专注。

三分钟热度是女孩们没有明确的方向，容易被其他事情干扰，女孩们要在尝试摸索中，不断鼓励自己，并且在察觉中不断克制自己，专注力也是不断锻炼而集中出来的。

知识窗

有时必须努力

一辆载满乘客的公共汽车沿着下坡路快速前进着，有一个人后面跑着追赶这辆车子。

一个乘客从车窗探出头来对追车的人说："老兄！不要追了，你追不上的！"

"我必须追上它，"这人喘着粗气着急地说："我是这辆车的司机。"

为你支招

为什么总是三分钟热度，怎样才能提高专注力呢？

1.找到你的方向

很多人觉得每天都在不停地充实自己，做做这个做做那个，这的确是提高，不过并不能创造更多的价值意义。有很长一段时间我觉得家里人说这个好那个好，就做这个做那个，忽略了自己喜欢做什么，适合做什么。你适不适合做是指你做了很久是不是还觉得很困难，如果是还是不要做，当然这里也有一些职业技巧，比如可以从朝阳行业，从职业需要的能力入手，但是记得这个世界高手如林，但你的坚持努力就是最大的资历，不论选择什么，只要你觉得有些喜欢有些适合就够了，之后就是毅然决然的坚持，相信有一天你可以用你的能力照耀到更多的人。

2.多读书

每次读书的时候，限定给自己一个时间，在这段时间里培养自己的专注力，并且养成读书的习惯，经常在每天一个时间段读书思考。我记得曾国藩是个爱读书的人，但他的读书方式很特别，他喜欢读史，每次读到一段历史大事他都会思考自己要怎么做，我觉得常读书不单单是休闲提高修养，更是锻炼一种思维方式，而且是从书中找到解决生活中各种问题的方法，从而不断地提高自己。

3.行动起来

最重要的当然是行动了，时间是最有价值的资本，好好运用时间之后不断行动。我以前是一个有计划没有行动的人，每个人都是不愿意面对枯燥的，所以不要把你的计划排得太满，我们不要求一步登天也不能一步登天，所以只要我们每天做的时候有了百分之八十的注意力效率那已经很了不起了，所以说劳逸结合，当然至少六四分，所以加油，现在就行动起来吧！

4.在行动中积累自信，鼓励自己

自信也是在一点一滴中积累起来的，只有提高自信才能不被其他事物所左右，所以我们要不断地行动，不断地鼓励自己肯定自己，有一句话叫选择了远方就只顾风雨兼程，所以不可能一切都是一帆风顺的，这个需要你不断努力的

同时，不断给自己打气，记住这是一件很有意义的事，你的生命因此而富有光彩，为什么不做呢。我们都是芸芸众生中渺小的一分子，但是我们会因为我们的行动而让独一无二的我们发光发热。

活着就是一场修行，我们来到这个世界上一定会遇到困难，因为时间忍耐地等待着我们超越它，从而一点点完成修行中一点点的进化。遇到困难是肯定的，但只要女孩你知道你要往哪走，并且哪里有阳光灿烂，有鸟语花香，那么这一切的一切都是值得的，女孩要不断地告诉自己，你的坚持有一天一定会化成彩虹灿烂整个天空。所以要坚持。

形成条理，优先处理最重要的事

写作关键词：条理　反馈

有条理地做事　常反馈

大家都应该知道二八定律，就是大多时候重要的事情仅占我们所做所有事情的百分之二十，而百分之八十的事情是次要的。但是我们需要用百分之八十的精力去做这百分之二十的事情，因为那才是主要的，所以我们要懂得选择识别重要的事，当然每个人的选择也是不同的。

任婷是一个本科专业学医的毕业一年的学生，学医的学生是一定要考研的，她也没有停下脚步，只是第一年结果并不理想，她决定二战。开始家里母亲不同意她考研，如果不考研可以在市级下的县级医院做医生，但她的爸爸支持她，她也想以后过得更好一些，至少想在本市做医生，于是她决定考研。

考研一共分三大科：政治，英语和专业课。对于本专业考研专业课相对容易一些；政治一般考研大纲每年都变动很大，于是政治要等到本年度的考研大纲出来背就可以了，当然可以大概了解；而英语是考研大关，一般本专业的都会在英语上栽跟头，任婷第一年也是因为英语差几分所以没过考研分数线。英

语是要每天都学的，对于基础比较薄弱的同学就要每天背单词并用大量时间，专业课如果你是跨专业的也要提早看，但如果你是本专业就要根据自己的情况做好计划。因为当地的车夏天的时候大约是五点多开，所以每天大约六点任婷已经到了图书馆。那是大学图书馆，因为专升本的关系还没有那么严格，但是假期不开，有的相对好一些的图书馆假期专给考研的同学开设，如果报班，老师可能会给你占个位。每天大约是早上背一章单词，之后看专业课做题，专业课的书比较多，所以大约每两个小时换一科，中途十点吃个间食，中午十二点回家吃中饭，吃完饭后在家歇一歇，大约一点就到图书馆学习，下午三点吃个间食，小面包之类的，下午六点吃晚饭，图书馆晚上是开到九点的，但是太晚回家不安全，她就让她爸爸迎她，每天晚上八点半回家，回家就休息休息睡觉了。

像我们有工作的人，每天按时工作大约早九晚六，这样其实每天都已经很累了，但如果晚上十点到十一点睡，早上五六点起的话还是有一点时间的，比如每晚八点到九点可以学个有用的习，再用一点时间简单记录一下今天做的事情，之后洗漱睡觉。就像人的记忆是有曲线的，会遗忘得很快，所以如果每学完一段时间，一定要在脑子里过一遍，这样不仅是一个对自己所做的事的了解和梳理，而且能帮助记忆，这真的很重要。每天早上可以五六点起来，可能很多人喜欢睡懒觉，懒觉真的有那么舒服吗，其实不见得，但你要记住什么是重要的，每天起床后伸个懒腰，写一下或在脑子里过一遍今天的计划，大约要做的事情，之后洗漱运动运动再做饭，这样就要上班了，新的一天开始，学会对每个人微笑，因为那样你也会很开心。

女孩们找到自己的方向，记录好每天应该做的事，有条理地选择最重要的事情去做，你会发现生活的效率与激情会大大提高。

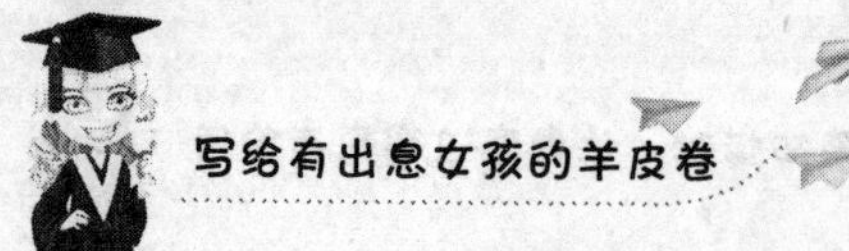

知识窗

矩阵分析

矩阵分析就是通过横纵坐标交叉把平面分成四个象限，上下左右相反分析。我们可以把每天所要做的事情做一个矩阵分析，横坐标是从不重要到重要，纵坐标是从不紧急到紧急，这样每天做一个这方面的分析，先去做那些又重要又紧急的事，这样你心里就有一个清晰的思路，了解自己要怎么做最有利最正确。

为你支招

女孩们，知道怎样才能有条理地做事吗?

1.有所为，有所不为

我们要知道怎样的事是正确的，什么样的事是重要的。正确的事是指对你对他人都有益的事，重要的事是指在你的方向上应该去做的事情。一定要有正确的价值观，不要为了自己的利益而伤害他人，这样总有一天伤害会找回来，会让你失去的更多。

2.做好短期计划与长期计划

每天要有一个大体的计划在心里，这样你会觉得心里有方向、踏实，做事也会更有条理不会混乱。而长期计划是你需要去找到你的方向目标，长期坚持的，比如五年计划、十年计划等，那样你在做重大决定的时候就知道你要的是什么，就可以准确地把握自己的路。

3.做好备忘与反馈

很多时候我们会忽略这一点，其实这非常重要。比如说备忘。可以每天

工作前把要做的事情写在本子上，做一件划一件，这样不单会防止有漏掉的事情，长期下来还会积累成就感。还有就是反馈，你做完一件事后一定仔细思考回想一下，并且定期做一些总结，你会发现收获非常大。

将那些零碎时间串联起来

写作关键词：抓紧　零碎时间

抓紧每分钟零碎时间

星云大师12岁出家后，就进入佛学院学习，因为年龄上的差距很多事情都不懂，尤其对最难的佛学名相最为头痛，每次上课都听不懂，不知老师所云。

有一天，海珊法师可能看出了我们的苦恼，不知道如何用功，于是讲解道："你们要会利用零碎的时间啊！"这句话对星云大师有很大的启发。数十年来，争分夺秒，不但学业得到迅速的进步，甚至许多心愿、事业也都是在"零碎的时间"中完成。"利用零碎的时间"这句话也就成为他一生中最重要的法语之一。

其实，人的一生在生活上还是有很多零碎时间的，例如，女孩们，我们要吃饭，要睡觉，办公事私事。仅仅吃一顿饭我们就要考虑吃什么，去哪买，哪个新鲜，怎么做，吃完饭怎么收拾，即使上饭店，也得要花上时间走上一段路，还要找座位，点菜，等菜。为了睡觉，女孩们得时常打扫房舍，整理床铺，即使躺下了还是睡不着。这些虽不是重要的事但确实是不可或缺的事，女

孩们要把在这途中休息的时间利用起来，实现女孩们的理想，创造女孩们的事业，集合诸多“零碎的时间”，那你会得到更多。

女孩们，当你回想自己一生时，光是为了等车等人等上课等开会等吃饭，就不知道花了多少时间，学习等待是一门学问，所以我自己除了保持守时守信的习惯之外，也喜欢利用等待的“零碎时间”，计划事情，换位思考，给自己反馈一天做的事。无论是坐火车、坐汽车、坐飞机、坐轮船，无论要花费多少钟点，路程多么曲折辗转，只要利用好时间，我们不但从未感到时间难挨，反而觉得是一种享受。听闻不足，必须补于思考；思考不足，必须补于实践。而思考的训练、修行的实践，都必须靠永恒持续地精进不懈，其中，“零碎时间”就是女孩们用功的最好时刻。

涓涓细流汇聚成河，点滴时间汇聚成力量，女孩们利用好时间你会发现生活是如此的美好，充满希望与方向。

知识窗

女孩们利用零碎时间健美

女孩们，最近是不是又觉得自己肚子上的赘肉多了，腿胖了，怎么办，平时上班太忙，不愿意运动，没关系，我来教你，每天躺在床上用小腿打大腿，因为小腿和大腿临近膝盖的地方都有减肥穴位。如果大家有时间可以上网搜一搜关于减肥穴位的书，人体有很多减肥穴位和经络，长期敲打按摩就会有减肥的功效。

为你支招

女孩们，怎样利用好零碎的时间呢？

1.利用工作中的零碎时间

当你等待死机的电脑时，等电话时，给自己倒一杯水，将烦扰你的事情列个清单，写一份工作大纲，看看备忘录里做了哪些事情，没做哪些事情，整理桌面边边角角。

2.利用在家的零碎时间

在家等家人吃饭，等电视节目时，看看没用的电灯电器关没关，打开音乐，听听广播，扫地，拖地，洗碗，整理碗碟，看看杂志，看看新闻。

3.利用外出时的零碎时间

外出娱乐等车时，准备一本你正在读的书（或你想读的一本书）一个里面有有声读物、能听广播的mp3和笔记本、笔，抓住灵感，收集阳光，记录心情。

不要浪费别人的时间

写作关键词：查找　思考

自己思考得来的印象更深刻

刘小雨曾经在《拆掉思维的墙》畅销书作者那里学习职业规划，那时是大班，会把它分成各种小组，每组都有一个助教，都很厉害。刘小雨一有问题就直接去问，助教都会细心解答，可能因为熟了的原因，各组的小组长也会参与进来，她所在组的小组长，就说她问问题不经过大脑思考，后来才明白那时助教说的让大家思考，怎样能问一个好问题。后来她就留意了，每次问问题，都要在百度或各大网站找一遍或自己思考一下，这样节省了大家的时间。

其实助教都是很厉害的，他们平时工作就很忙，再帮你解答问题，还有每周两次的作业真是苦不堪言。有时我也会犯同样的毛病，什么事情不经过大脑就问出来了，其实别人也会说自己不是万能的，有时相处也需要一种艺术：就是要懂得去说让别人能够回答或回答好的问题，这就需要时刻记得不要浪费他人的时间，否则常此以往大家就不愿意和你交流了。还有就是在不断查找问题并思考的过程中也是一个自我提高的过程，因为独立思考很重要，甚至是致胜

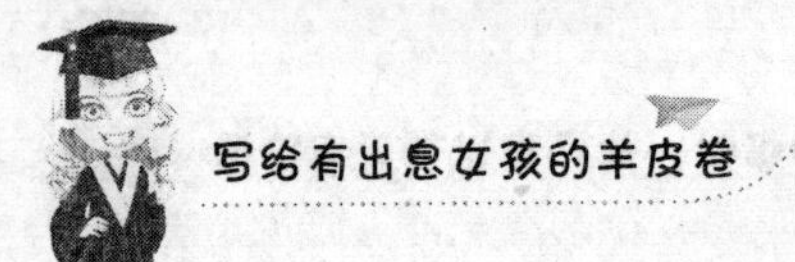

之道。很多时候其实别人只是在某些领域比我们了解的多，而大多数问题他人和我们一样，而人与人的差别就在于思维与行动的不同，思维主导行动，人大多时候都是要独处的，孤独带来伟大，因为孤独能带领我们参透更多的问题，而这最需要具备的就是独立思考，所以不浪费别人的时间不仅使别人受益，更愿意和你交往，你自己也会受益。

女孩们，要记得他人的时间和我们的一样宝贵，当你懂得换位思考关怀他人的时候，其实你也是在自己成长，所以不要浪费别人的时间。

知识窗

生涯规划

生涯规划是指个人与组织相结合，在对一个人职业生涯的主客观条件进行测定、分析、总结的基础上，对自己的兴趣、爱好、能力、特点进行综合分析与权衡，结合时代特点，根据自己的职业倾向，确定其最佳的职业奋斗目标，并为实现这一目标做出行之有效的安排。

为你支招

女孩们，怎样做一个不浪费别人时间的人？

1.学会换位思考

我们很多时候不能考虑到别人的时间也很重要的原因之一是我们欠缺换位思考。人都是以自我为中心的，只是程度不同而已，所以我们要不断在与人接触中锻炼换位思考。我认为与人交往的最大秘诀就是懂得换位思考，我们会因为很多事情抱怨不满是因为我们只考虑到了自己，并且帮助别人也需要我们站在别人的角度。

2.学会独立思考

思维也是懒惰的，有时我们都想最快的最轻松的得到最准确的答案，当然独立思考也代表一种自立，只有精神独立了，我们才可以在这个社会上立足，我们不能依赖别人，没有人会让你一直依赖，除了你自己。所以我们要学会独立思考，这样才会不浪费他人的时间，独立思考更锻炼一个人的深度，所以现在就开始学习独立思考。

3.不断提升自己

很多时候我们会浪费到别人的时间，是因为我们的知识相对浅薄，或是因为阅历的原因，但是我们都是不断成长的，只要我们有一颗上进的心。真的需要他人帮助解决问题的时候不要逞强，因为你不解决问题可能对他人会带来更坏的影响，而力所能及的事我们还是要自己去做，这样我们不单锻炼提高自己，而且还会让他人对你重新认识。

第06章

心动更要去行动，做一次比想一万次有收获

女孩要做你想做的事，就要用行动去努力，不要在犹豫中徘徊不前，无论你思考千万种理由，不去做都是一事无成。名人说：“实践是检验真理的唯一标准”我们需要用实际行动来做一件事，不是去空想，只要抉择好事情的方向，马上行动才是最好的决定方法，让我们行动起来，不要把时间浪费在幻想上，尽快实施距离成功就不会远，女孩努力吧。

确定梦想，更要用行动去实现梦想

写作关键词：梦想　行动

不及格的作文

美国某个小学的作文课上，老师给小朋友的作文题目是：我的梦想。

一位小朋友非常喜欢这个题目，在他的簿子上，飞快地写下他的梦想。

他希望将来自己能拥有一座占地十余公顷的庄园，在壮阔的土地上植满如茵的绿。庄园中有无数的小木屋、烤肉区及一座休闲旅馆。除了自己住在那儿外，还可以和前来参观的游客分享自己的庄园，有住处供他们歇息。

写好的作文经老师过目，这位小朋友的簿子上被划了一个大大的红“×”，发回到他手上，老师要求他重写。

小朋友仔细看了看自己所写的内容，并无错误，便拿着作文簿去请教老师。

老师告诉他：“我要你们写下自己的志愿，而不是这些如梦呓般的空想，我要实际的志愿，而不是虚无的幻想，你知道吗？”小朋友据理力争：“可是，老师，这真的是我的梦想啊！”老师也坚持：“不，那不可能实现，那只

是一堆空想，我要你重写。”小朋友不肯妥协：“我很清楚，这才是我真正想要的，我不愿意改掉我梦想的内容。”老师摇头：“如果你不重写，我就不让你及格了，你要想清楚。”小朋友也跟着摇头，不愿重写，而那篇作文也就得到了大大的一个“E”。

事隔三十年之后，这位老师带着一群小学生到一处风景优美的度假胜地旅行，在尽情享受无边的绿草、舒适的住宿及香味四溢的烤肉之余，他望见一名中年人向他走来，并自称曾是他的学生。这位中年人告诉他的老师，他正是当年那个作文不及格的小学生，如今，他拥有这片广阔的度假庄园，真的实现了儿时的梦想。

老师望着这位庄园的主人，想到自己三十余年来，不敢梦想的教师生涯，不禁喟叹：“三十年来为了我自己，不知道用成绩改掉了多少学生的梦想。而你，是唯一保留自己的梦想，没有被我改掉的。”

在现实的冲击之下，梦想或许只是心灵的安慰，使漫漫人生路多了一份光明。梦想永远建立在执着、汗水、努力与泪水之上，遥望过去：伟大的居里夫人造福于人类，艰苦、辛酸地奋斗了一生，终于提炼出了纯净的镭。她的生命虽然因为长期接受放射性物质的刺激而消逝了，可她追逐梦想的脚步却永远不会停下来。她用她的梦想，书写下了生命的永恒。而我们呢，是因为无数的阻碍而停下了步伐，还是因为懒惰的内心而放弃了梦想。

女孩要记住梦想的道路是艰辛的，不管前方是不是危险重重，选择好了这样一条路，就必须要走下去，只要心中有“再往前一点点就到了”的信念，梦想实现的喜悦还会远离你吗？梦想真的这么遥远吗？其实，它也许就在前方不远处，正向你招手，翘首盼望你的到来。或者，它在十字路口的转角处，准备在你猝不及防的时候蹦出来吓你一跳，给你一个惊喜。生命永远因为梦想而闪光而耀眼。

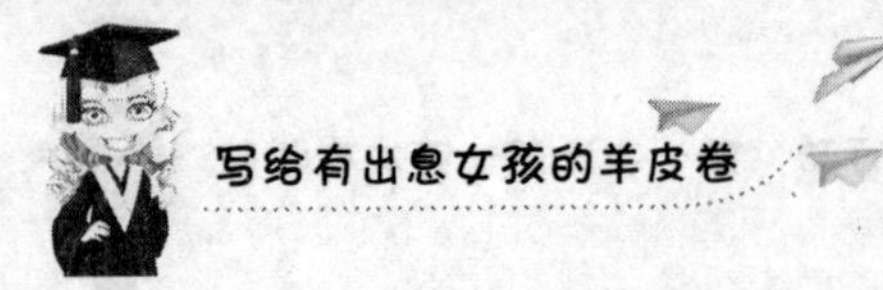

知识窗

美国有名的庄园

安纳伯格庄园，是1963年美国出版巨头、外交家、慈善家沃尔特·安纳伯格夫妇在加州兰乔米拉市沙漠地带择地建造的度假庄园。庄园建成之后，夫妇二人就把庄园变成了“供有国际影响力的人物举行私下会谈和度假的场所”，有多位美国总统和外国政府首脑造访此地。安纳伯格庄园由南加州大学教授昆西·琼斯设计，主建筑25000平方尺（约2800平方米），为20世纪中叶的现代建筑风格，以粉色屋顶闻名，也一度成为里弗赛德县最大的建筑。

为你支招

女孩，如何实现自己的梦想？

1.坚持自己的梦想

女孩一样要坚持自己的梦想，为梦想努力才是最幸福的，人只要有了梦想就会努力奋斗，在梦想中演泽人生，时间不会阻挡梦想的步伐，正是这份坚持让我们距离梦想越来越近。

2.梦想的路途

女孩要知道完成梦想的征程只有自己一个人。每个人都有自己的梦想；而每个人的梦想与现实的距离，究竟有多长、有多远，是各不相同。但有一点是共同的，那就是不甘于现实中的处境，不甘于生活中的无助，希望借助梦想，摆脱自己无奈的困境，幻想自己能够拥有美好而又前途光明的未来，不愿在现实中迷惘和落寞，在梦想与现实的边缘，寻找心理平衡。

3.不要被困难征服

女孩子要懂得在困难中磨练自己，不要轻易就因困难抛弃了梦想，要为自己的梦想负责，只要克服困难梦想就会成功。 努力才是最快达到成功的方法，不要试图想走捷径，根本不会存在，只有自己的努力才能让梦想得以实现。

做好行动计划，更快达成目标

写作关键词：计划 目标

接近目标

全国著名的推销大师，即将告别他的推销生涯，应行业协会和社会各界的邀请，他将在该城中最大的体育馆，做告别职业生涯的演说。那天，会场座无虚席，人们在热切地、焦急地等待着，那位当代最伟大的推销员，做精彩的演讲。

当大幕徐徐拉开，舞台的正中央吊着一个巨大的铁球。为了这个铁球，台上搭起了高大的铁架。一位老者在人们热烈的掌声中，走了出来，站在铁架的一边。他穿着一件红色的运动服，脚下是一双白色胶鞋。人们惊奇地望着他，不知道他要做出什么举动。这时两位工作人员，抬着一个大铁锤，放在老者的面前。主持人这时对观众讲：请两位身体强壮的人，到台上来。好多年轻人站起来，转眼间已有两名动作快的跑到台上。老人这时开口和他们讲规则，请他们用这个大铁锤，去敲打那个吊着的铁球，直到让它荡起来。

一个年轻人抢着拿起铁锤，拉开架势，抡起大锤，全力向那吊着的铁球砸去，一声震耳的响声，那铁球动也没动。他就用大铁锤接二连三地砸向铁球，很快他就气喘吁吁。另一个人也不示弱，接过大铁锤把铁球打得叮当响，可是铁球仍旧一动不动。台下逐渐没了呐喊声，观众好像认定那是没用的，就等着老人做出什么解释。会场恢复了平静，老人从上衣口袋里掏出一个小锤，然后认真地面对着那个巨大的铁球。他用小锤对着铁球“咚”的敲了一下，然后停顿一下，再一次用小锤“咚”的敲了一下。人们奇怪地看着，老人就那样“咚”的敲一下，然后停顿一下，就这样持续地做。十分钟过去了，二十分钟过去了，会场早已开始骚动，有的人干脆叫骂起来，人们用各种声音和动作发泄着他们的不满。

老人仍然一小锤一停地工作着，他好像根本没有听见人们在喊叫什么。人们开始忿然离去，会场上出现了大块大块的空缺。留下来的人们好像也喊累了，会场渐渐地安静下来。大概在老人进行到四十分钟的时候，坐在前面的一个妇女突然尖叫一声：“球动了！”刹时间会场立即鸦雀无声，人们聚精会神地看着那个铁球。那球以很小的摆度动了起来，不仔细看很难察觉。老人仍旧一小锤一小锤地敲着，人们好像都听到了那小锤敲打铁球的声响。铁球在老人一锤一锤的敲打中越荡越高，它拉动着那个铁架子“哐、哐”作响，它的巨大威力强烈地震撼着在场的每一个人。

终于场上爆发出一阵阵热烈的掌声，在掌声中，老人转过身来，慢慢地把那把小锤揣进兜里。老人开口讲话了，他只说了一句话：在成功的道路上，你没有耐心去等待成功的到来，那么，你只好用一生的耐心去面对失败。

女孩子在人生中难免会遇到困难，可能你做一次不会成功但是只要坚持不懈就会有成功的可能，不要半途而废，这样永远也不会成功。只要坚定自己的心，再大的困难都会被跨过，人生的道路也会有绽放绚丽的风采。

知识窗

推销员是推销商品的职业人士，第一线前线职员，有如战场上的士兵，功能是速销产品及服务等。有人说，推销员可以是专业人士，例如基金经理、保险经纪、地产代理、化妆品美容顾问等。现代推销既是一项复杂的工程技术，又是一种技巧性很高的艺术。推销员从寻找顾客开始，直至达成交易获取定单，不仅要周密计划，细致安排，而且要与顾客进行重重的心理交锋。

为你支招

女孩，如何巧用计划?

1.女孩做事要有计划

女孩在做事情前就要计划好自己现阶段的目标，这样才可以准确地完成制定的计划目标，完成得也会更加顺利，不会混乱，会完成得很好。有条理的计划才会把事情做得完美，女孩在生活中也要有条理、有规划地生活。日常的整理家务，生活中点点滴滴的小事都是锻炼自己的好方法，记住规划人生目标才会有精彩的人生。

2.女孩做事要迎难而上

女孩子都有较弱的一面，但是较弱不代表说不自强不努力，只要有自己的目标就要努力完成这才是女孩的性格。女孩一定要记住困难并不可怕，可怕的是惧怕困难的心态，不要让情绪影响发挥，改变情绪才是胜利的准则。越困难就越要去征服，不要被表面的现象吓倒，要迎难而上，做一个勇敢的女孩。

3.女孩要从小目标开始

女孩要记住追求一个大目标很困难，有时候也会有力不从心的感觉，这时候就把大目标分成一个个小目标去完成。当你完成了一个小目标就会增加信心，一个一个地完成，距离最终的成功就已经不远了。要记住每一个目标都要用心去完成，不要惧怕任何一个困难，因为每个困难都是人生道路上的一块石头，不要被绊倒，而是要踏过去，这就是走向成功的方向。

机遇降临，就要立刻行动

写作关键词：行动　机会

错过的机遇

从前，在一个小镇的教堂里有一个十分虔诚的神父，他信仰上帝，终生未娶，到了八十岁的高龄还是孤零零的一个人。上帝在天堂里看到了神父的所作所为，非常地感动。于是上帝打算报答神父。一天晚上，神父在梦境里看到上帝。上帝对他说："我可爱的孩子，这么多年来你一直在教堂里陪伴我，让我非常地感动。所以我今天托梦给你，明天小镇上要发洪水，很多人都会淹死。你不必害怕，到时候我会去救你。"神父早上醒来，回忆着这个梦，心里十分地高兴。

这时候，一个警察来敲教堂的窗户，并且大声喊着："神父，快跑啊，小镇上发大水了，再不逃跑就来不及了！"神父走到窗前看看，呦！果然，小镇的街道都被洪水淹了，洪水还在上涨。神父镇定地对警察说，你们先走吧。我要等上帝来救我！

警察差点没气趴下，一声不响地走了。洪水还在上涨，进入教堂了。神父就爬到了钟楼上。这时一艘汽艇开了过来，救援人员对着神父喊：神父，你再不走，你就会被淹死了！神父挥了挥手，说：孩子，你们先走吧，上帝他老人家会来救我的！汽艇也走了。洪水越来越高，神父最后没有办法，爬到教堂顶上，抱着塔尖，摇摇欲坠。他四下拿眼一看，嗬—都是水，你说这上帝去哪了呢？这时候就看见一架直升机开过来了，敢情是搜救队搜寻最后的生存目标。老远飞机上就放下绳梯，飞机上的人对神父喊："神父，抓住绳梯，跟我们走吧，上帝不会来了！"神父还是不走，最后—终于被淹死了。

死后，神父的灵魂来到了天堂，看到了上帝。神父气坏了，问上帝：你说过要去救我，怎么说话不算数？上帝一听也发火了："你说你怎么就那么笨呢？你说我在天上这么忙，没时间亲自去，就派了一个警察，一艘汽艇，一架直升飞机去救你，你还不走，你不是找死吗？"

女孩要知道是现在的时代中机遇来的快走的也快，只有抓住才会成功，不要轻易的错过，当机会来到眼前的时候，要及时地抓住不要依赖比人，可以依靠信赖的只有自己。把握住机遇就可以改变困境，失去就会越陷越深彻底失败。

知识窗

你不要以为机会像一个到你家里来的客人，它在你门前敲着门，等待你开门把它迎接进来，恰恰相反，机会是一件不可捉摸的活宝贝，无影无形，无声无息，假如你不用苦干的精神，努力去寻求它，也许永远遇不着它。

——佚名

为你支招

女孩，做会抓住机遇的女孩。

1.女孩面临机遇一定要抓住

女孩在机遇面前要把握时机，不要觉得不可能就不去把握。机遇是匆匆而过的，不会停留。只有立刻实施，不要犹豫才会成功。机遇得来不易，一定要把握，尽快实施，不要让机遇从手中溜走，这样就得不偿失了。

2.女孩要制造机遇

女孩在困境中无能为力的时候就要自己想办法克服并创造机遇，抓住机遇就是人生的转折，一定要合理利用机遇为自己创造价值，把握发展大势的先机，勇于拼搏才会开辟出新的人生道路，剩下的就是勇于拼搏的劲头，勇往直前，不惧困难，迎接胜利的未来。

3.女孩要有一颗敏锐的心

女孩需要具备敏锐的机遇意识和强烈的发展意识，让抓住的机遇发挥出最好的效应，发挥出最高的效益，发挥出最大的效能。提高把握机遇的能力，需要有不进则退的危机感和时不我待的紧迫感，需要始终保持昂扬的斗志和旺盛的精力。而只有敏锐捕捉机遇、及时把握机遇、努力用好机遇，才能不断推进人生事业的跨越式发展。

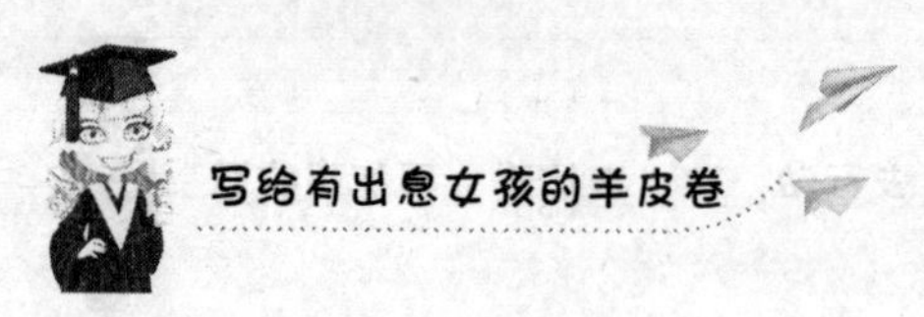

只要你迈步，路就会在脚下延伸

写作关键词：努力　前行

不放弃的前行

卡耐尔·桑达斯是肯德基炸鸡的创始人。随着6岁时父亲的去世，卡耐尔曲折的一生开始了。为了照顾年幼的弟弟，补贴家庭支出，他开始当起农民，进行田间劳动。卡耐尔性子暴烈，是个不实现自己的愿望绝不罢休的人。这种固执的性格，总成为他与别人争吵的原因，他为此不得不多次更换工作。

他自己经营带有餐馆的加油站，但是由于加油站前的那条道路变成背街背巷的道路，顾客剧减。65岁时，卡耐尔不得不放弃了餐馆。然而，卡耐尔并未死心。他想到手边还保留着极为珍贵的一份专利—制作炸鸡的秘方。现在，他决定卖掉它。为了卖掉这份秘方，他开始走访美国国内的快餐馆。他教授给各家餐馆制作炸鸡的秘诀—调味酱。每售出一份炸鸡他将获得5美分的回扣。5年之后，出售这种炸鸡的餐馆遍及美国及加拿大，共计400家。

当时，卡耐尔已经70多岁。1992年肯德基炸鸡的连锁店在全美达5000家，海外达4000家，共计扩展到9000家。 这就是我们一直在讨论的“危机正是机

遇”。因而，只要时时刻刻不忘记逆境思维，那么，即使陷入深渊，你也不会惊慌失措。

J.K.罗琳是一个命运不济的人。大学毕业后，她在伦敦漂泊，靠打零工糊口。一次，她去曼彻斯特寻找大学时的男友，却未能找到，只好乘车返回伦敦。在火车上她闷闷不乐，当她看着窗外那可怜的黑白花奶牛时，想到有一列火车载着一个男孩去巫师寄宿学校的情景。于是一个灵感一闪：一个小男孩在得到魔法学校邀请前，并不知道自己就是个巫师。但是她没有带纸笔，只好闭上眼睛，把浮现在脑海中的每个想法和细节都记住。回到家，她再把在火车上所想到的写在一个廉价的小本子上。很快，这样的小本子就装满了一鞋盒。她决定要写书。

后来，她与葡萄牙的一名记者结了婚。但很不幸，最终丈夫抛弃了她，她带着出生仅4个月的女儿去了爱丁堡。在妹妹的帮助下，靠政府的租房补贴租赁了公寓的一间卧室，她便在厨房的桌上完成了第一部作品的手稿。后来她就总在她妹夫公司的一个咖啡厅里继续她的创作，在女儿熟睡的时候，专心她的写作。就这样，1997年6月26日，她的第一部作品出版了，一问世就引起了轰动。这就是畅销书科幻小说《哈利·波特与魔法石》。1998年、1999年、2000年和2003年这个系列小说的后四部陆续推出，一股“哈利·波特”的热潮在全世界迅速生成。如今，她的作品已被译成60多种语言，在200多个国家和地区行销2亿多册。

女孩，要记住当你失败的时候不要惧怕，人生没有绝境。只要重新开始就是进步的过程，许多的困难都是因为自己的退缩才会使机遇流失，成功的路不尽相同，只要更加坚定，梦想就一定会成功。

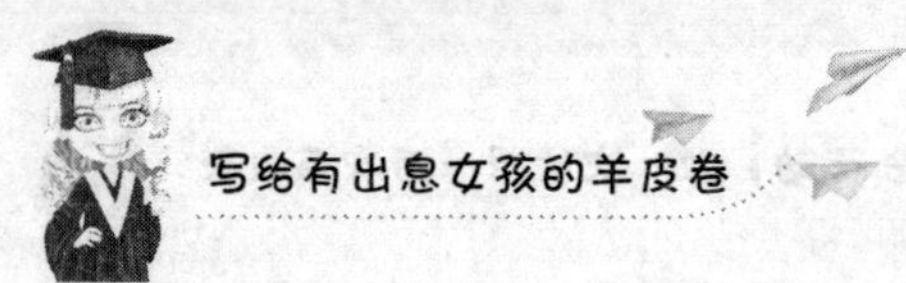

知识窗

《哈利·波特》是英国作家J.K.罗琳的魔幻文学系列小说，共七部，其中前六部以霍格沃茨魔法学校为主要舞台，描写的是主人公哈利·波特在霍格沃茨魔法学校六年的学习生活和冒险故事。第七部描写的是哈利·波特在校外寻找魂器并消灭伏地魔的故事。该系列小说被翻译成67种文字，所有版本的总销售量逾5亿册（截至2008年），名列世界上最畅销小说之列。

为你支招

女孩怎么样才会更加适应社会，下面就来告诉你简单的方法。

1.女孩要勇敢

女孩要懂得勇敢的重要性，只要拥有了勇敢就可以拥有所有。女孩不要认为很多事情自己做不到，或者想男生才应该去做，女孩的错误意识可能就是失败的原因，要做勇敢女孩，人生才会拥有缤纷的色彩。

2.女孩要努力

女孩在做事情上一定要努力，只有努力地去做才会成功。一次失败的经历不是污点也不是人生的终点，只是一次失败的经验。失败并不可怕，可怕的是经历一次失败的经历就失去了信心，放弃不在挑战，女孩一定要努力做自己想做的事，为梦想而战为生命努力前行。

3.女孩要前进

人生有很多经历，无论对错，无论好坏都需要前进。在前进中一定会有很多挫折，但是不要害怕，用你的智慧来帮你度过危机。失败并不可怕，只要继续前行生命就是美丽的，坚持自己的心就是最大的进步，前行在梦想的道路上就是幸福的，珍惜眼前的幸福为梦想前进成功就不远了。

第07章
说话懂交际，女孩早点锻炼社交能力

女孩要知道语言的魅力，如何用语言来诉说也是讲究方法的，接下来让我们看看如何增强语言的技巧。在生活中要多与人沟通提高自己的语言能力，多参加集体社交活动，多说话但是不能乱说话，说话也要注意方法，委婉地诉说自己的内心，多与人沟通增强自己的语言能力，就会有很大的改变。

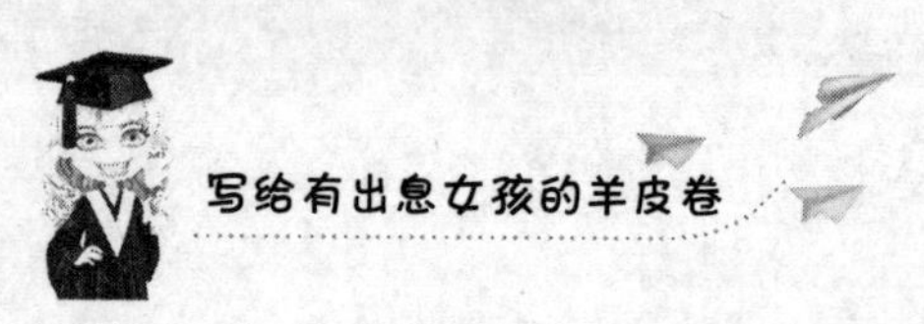

锻炼自己出色的口才

写作关键词：口才　语言

说话的技巧

有一次，唐太宗根据右仆射（掌管奏章文书的官员）封德彝的建议，决定十八岁以上身体强壮的男子都要去当兵。但魏征不同意。因为按照当时的规定，皇帝的敕令，要由谏议大夫签名才能生效。

唐太宗问他："你不同意这样做，有什么理由？"

魏征回答："臣作为谏议大夫，有义务向陛下指出，这样做违背了治国安民的方针。我朝开国后即立下'男子二十岁当兵，六十岁可免'的规定，怎么能随便改变呢？"

唐太宗非常生气，大声指责道："你太固执己见！"

魏征毫不退让，语重心长地说道："陛下！把河水放光捕鱼，确实能捕到许多鱼，但明年就没有鱼了；把森林烧了打猎，确实会打到许多猎物，但明年就没有野兽了。如果让十八岁以上身体强壮的男子都去当兵，今后国家的税赋徭役去向谁要呢？"

唐太宗这才幡然醒悟，收回了命令。

邹忌是齐国的宰相，他身高八尺有余，相貌俊朗，是一位美男子。

一天，邹忌经过一番精心打扮后，对镜自赏，颇为满意，便问他的妻、妾以及求他办事的客人：我与城北的徐公相比究竟谁更漂亮？城北徐公是齐国有名的美男子，但他的妻、妾客人却异口同声地称赞说：您比徐公漂亮。第二天，恰巧徐公前来拜访，邹忌暗地里一比较，便发现其实自己远不如徐公长得漂亮。晚上，他辗转反侧，苦苦思考，终于得出结论：妻子偏爱他，妾害怕他，而客人有求于他，他们都各自怀有私心，因此都不敢说真话，而做了违心的称赞。恍然大悟的邹忌以此劝谏齐王广开言路，公开纳谏。齐王采纳了他的建议，终使齐国迎来政治开明的国之大治。

从中国古代的故事可以看出语言的重要性，女孩子就更应该学会说话的技巧，与时俱进才是新时代的正能量。口才不会与生俱来，也不会从天而降，就像庄稼需要施肥、道路需要整修，口才也要培养。

知识窗

中国有多少种语言

中国境内的少数民族语言非常丰富，这在世界上是罕见的。据统计，中国的语言正在使用的就有80多种，已经消亡的古代语言更是不计其数。中国有55个少数民族。回族和满族一般使用汉语，其他少数民族都有自己的民族语言，有的民族还有两种以上，如裕固族分别使用东部裕固语和西部裕固语，瑶族分别使用勉语、布努语和拉珈语。中国的全部少数民族语言分属五个语系。

为你支招

女孩，如何运用语言装扮自己？

1.女孩要多读书

女孩要知道说话技巧是用知识的基石累积的，不是单方面地说，“说”的基本就是说清内容让别人听懂，技巧就是在原本的含义上另外修饰的意思，这就要多读书，用知识充实自己的语言能力，女孩子多读书增加文学涵养运用到生活中就会有很大的差别，多读书就是修炼语言的基石。

2.女孩要说有用的话

女孩子在交际中不要轻易说话，要说有用的话才能展示出自身的修养及内涵，不要随便地说无关紧要的，没有营养的话，多说可能就会说错话，所以尽量少说话，要说精练的有技巧的话语。

3.女孩要温柔地说

女孩说话的语气和声调都是区别男生的声音。女孩的声音要悦耳不要刺耳，咬字清楚，平稳的语调给人带来温和的情感，尖叫会给别人带来烦躁的感觉，可能在说话中引起不必要的争执，做温柔的女孩用柔美的声音说出动听的语言。

文明礼仪为你赢得一切

写作关键词：文明　礼仪

适当的礼仪

杨时是北宋时一位很有才华的才子，南剑州将乐人（今属福建）。中了进士后，他放弃做官，继续求学。程颢、程颐兄弟俩是当时很有名望的大学问家、哲学家、教育学，洛阳人，同是北宋理学的奠基人。他们的学说为后来的南宋朱熹所继承，世称程朱学派。杨时仰慕二程的学识，投奔洛阳程颢门下，拜师求学，4年后程颢去世，又继续拜程颐为师。这时他年已40，仍尊师如故，刻苦学习。一天，大雪纷飞，天寒地冻，杨时碰到疑难问题，便冒着凛冽的寒风，约同学游酢一同前往老师家求教。当他来到老师家，见老师正坐在椅子上睡着，他不忍打搅，怕影响老师休息，就静静地侍立门外等候。当老师一觉醒来时他们的脚下已积雪一尺深了，身上飘满了雪。老师忙把杨时等人请进屋去，为他们讲学。后来，“程门立雪”成为了广为流传的尊师典范。

“曾子避席”出自《孝经》，是一个非常著名的故事。曾子是孔子的弟子，有一次他在孔子身边侍坐，孔子就问他：“以前的圣贤之王有至高无上的

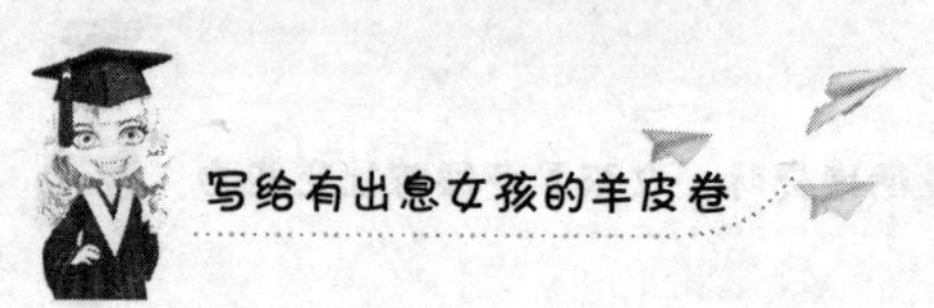

德行，精要奥妙的理论，用来教导天下之人，人们就能和睦相处，君王和臣下之间也没有不满，你知道它们是什么吗？”曾子听了，明白老师孔子是要指点他最深刻的道理，于是立刻从坐着的席子上站起来，走到席子外面，恭恭敬敬地回答道：“我不够聪明，哪里能知道，还请老师把这些道理教给我。”在这里，“避席”是一种非常礼貌的行为，当曾子听到老师要向他传授时，他站起身来，走到席子外向老师请教，是为了表示他对老师的尊重。曾子懂礼貌的故事被后人传诵，很多人都向他学习。

霍克就任澳大利亚总理期间，有一次在一家商场内与一位老人就养老金问题发生争执。霍克一时冲动，骂那位老人：“愚蠢的老家伙。”老人因此把他告到法院。霍克举行记者招待会，就自己不文明的语言，公开向这位老者道歉。他说：“那天我非常烦恼，但这不能成为我使用那种措辞的理由。如果我确实伤害了他的话，我愿意就此向这位先生道歉，诚请宽容我的不逊。”

女孩要懂得生活在中华文明古国礼仪尤为重要。女孩要做懂礼貌讲文明的人，在礼仪的道路上女孩需要学习的很多，用礼仪完善自身不足之处，成为有气质的女孩。女孩与人相处时说话是一门艺术，礼仪不仅是人与人相处的形式更是展现自己品质的标准，尊重人与人之间的情感。

中国古代的礼仪

中国古代有“五礼”之说，祭祀之事为吉礼，冠婚之事为嘉礼，宾客之事为宾礼，军旅之事为军礼，丧葬之事为凶礼。民俗界认为礼仪包括生、冠、婚、丧四种人生礼仪。实际上礼仪可分为政治与生活两大部类。

政治类包括祭天、祭地、宗庙之祭，祭先师先圣、尊师乡饮酒礼、相见礼、军礼等。生活类礼仪的起源，按荀子的说法有“三本”，即“天地生之

本”“先祖者类之本”“君师者治之本”。在礼仪中，丧礼的产生最早。丧礼于死者是安抚其鬼魂，于生者则成为分长幼尊卑、尽孝正人伦的礼仪。

为你支招

女孩，如何善用礼仪，展现自己？

1.女孩在礼仪中尊重自己

礼仪是中华民族的优良传统，女孩在学习礼仪的时候要知道尊重的重要，礼仪的“礼”指的就是尊重，女孩在为人处世上也要尊重别人，尊重别人就是尊重自己，会更加突出自身的气质。礼仪其实就是交往艺术，就是待人接物之道。在为人处世上用礼仪征服对方更加体现了女孩的涵养。

2.女孩在礼仪中历练自己

女孩在生活中总是有不顺心的时候，暴躁的情绪会影响女孩的态度和表情，一定要用稳重的心态，礼貌的态度对待别人，一定不可以发火暴躁，这会影响自身的涵养素质。女孩在各种负面情绪中磨练自己的心境，用礼仪完善自己，时刻保持冷静的头脑，标准的礼仪会更加展现独特的魅力。

3.女孩在礼仪中改变自己

淑女是一个女生的称号，不会轻易就被人评价。女生温柔的气质，独特的涵养都是需要修炼的，适当的礼仪会使女孩在各种场合收放自如，不会被人看轻也不会被人反感。女孩学习礼仪对自身都有着实质的提高。

学会真诚地欣赏别人

写作关键词：真诚　欣赏

人人都有被欣赏的优点

19世纪末，美国西部的密苏里有一个坏孩子，他偷偷地向邻居家的窗户扔石头，还把死兔子装进桶里放到学校的火炉里烧烤，弄得臭气熏天。他9岁那年，父亲娶了继母，父亲告诉她要好好注意这孩子。继母好奇地走近这个孩子。当她对孩子有了了解之后说："你错了，他不坏，而且很聪明，只是他的聪明还没有得到发挥。"继母很欣赏这个孩子，在她的引导下，这孩子的聪明找到了发挥的地方，后来成了美国当代著名的企业家和思想家。这个人就是戴尔·卡耐基。

台湾作家林清玄去一家羊肉馆用餐，老板对他说："你还记得我吗？"林清玄说："记不起来了。"老板拿来一张20年前的旧报纸，那里有林清玄的一篇文章，那时他在一家报社当记者。这是一篇关于小偷的报道，小偷手法高超，作案上千次，次次得手，最后栽在一个反扒高手的手上。文章感叹道："心思如此细密，手法如此灵巧的小偷，做任何一件事情都会有成就的吧！"

老板告诉他："我就是那个小偷，是你的这段话引导我走上了正路。" 连小偷身上也有可欣赏的地方，连小偷也能在欣赏的引导下走上正路，我们周围还有什么人不能被欣赏、不能被引导呢？

欣赏，是一种理解和沟通，也包含了信任和肯定;欣赏，也是一种激励和引导，可以使人扬长避短，更健康地成长和进步。其实，社会上的每一个人都渴望别人的欣赏，同样，每一个人也应该学会去欣赏别人。学会欣赏，是一种爱。人与人之间，在相互欣赏之中，世界才能充满爱！

女孩在人生中也会遇到这样的人，不要全部地否定对方，要用欣赏的态度看待他人。欣赏别人，就是善于寻找并发现别人身上的优点。欣赏别人的谈吐，会提高我们的口才；欣赏别人的大度，会开阔我们的心胸；欣赏别人的善举，会净化我们的心灵。欣赏别人其实是少一点挑剔，多一点信任；多一点热情，少一点冷漠；多一点仰视，少一点鄙视。学会欣赏别人，才会充实你的人生！

知识窗

戴尔·卡耐基（Dale Carnegie，1888年11月24日—1955年11月1日），美国现代成人教育之父，美国著名的人际关系学大师，西方现代人际关系教育的奠基人，被誉为是20世纪最伟大的心灵导师和成功学大师。美国人戴尔·卡耐基利用大量普通人不断努力取得成功的故事，通过演讲和书唤起无数陷入迷惘者的斗志，激励他们取得辉煌的成功。其在1936年出版的著作《人性的弱点》，70年来始终被西方世界视为社交技巧的圣经之一。他在1912年创立卡耐基训练班，以教导人们人际沟通及处理压力的技巧。

为你支招

女孩，要懂得欣赏别人的长处，并加以善用

1.女孩要懂得谦虚

女孩要懂得谦虚不可以骄傲自满。谦虚的心态可以使女孩更加认识自己的不足，在谦虚中学习如何与人相处，谦虚的看待别人的有点取其精华去其糟柏就是学习的进步。谦虚也是一种自我控制的能力，不张扬的个性可以看到更多事情的本质，在欣赏别人的同时更会发现自己不足的地方并加以改正。

2.女孩要懂得真诚

女孩子在做事上一定要知道真诚才是最宝贵的财富，用真诚的心完成自己要做的事，才会更加珍惜。真诚地付出才能有更大的收获和回报，我们不求别人一定要回报什么，而是需要自己用真诚的心，去对待人与人之间最简单的交流。女孩在真诚的问题上要做到问心无愧，用真诚改变自己，就会有超凡脱俗的气质，做一个真诚的女孩。

3.女孩要学以致用

女孩的品德不是与生俱来的，而是后天的修养，要自我学习，慢慢养成优秀的品质。学会的东西要善于运用，女孩要在学习的过程中吸取经验，并且要在适当的环境中加以运用，在为人处世与人相处中谦虚礼貌，做一个有气质的女孩。

做一个善解人意的倾听者

写作关键词：聆听　解惑

聆听最美的声音

鸟儿欢快的叫声，微风拂过窗帘的声音，时钟转动的声音，这些声音很温暖但是朋友的心声是最美的声音，聆听朋友的心声用心去体会里面的含义。

芳芳和东雨是好朋友，每次芳芳做错事东雨都会帮助芳芳，两个好朋友之间很是亲密。一个雨天，小雨下了一整天，芳芳还是像平常一样拿出课本做题，一边做题一边等东雨，可是等了很久也没有等到。同学们陆续都离开学校回家了，可是东雨还是没有来找芳芳。芳芳很是生气地想："东雨我等你这么久都不来，等我见到你，我就再也不理你了。"雨越下越大，芳芳的心情越来越坏，窗外电闪雷鸣正如芳芳的心情一样。这时一串急促的脚步声由远而近渐渐清晰起来，芳芳知道一定是东雨来了，火气迅速升高。一个被雨水淋满身的男孩浑身湿哒哒的，脸上还往下滴水，只见男孩甩了甩头上的雨水，用手擦了擦眼睛上的雨水，对芳芳说："走吧，快回家。"芳芳愤怒地说："要不是为了等你至于现在还没回家吗。"东雨默默地把伞递给了芳芳什么也没说转头就

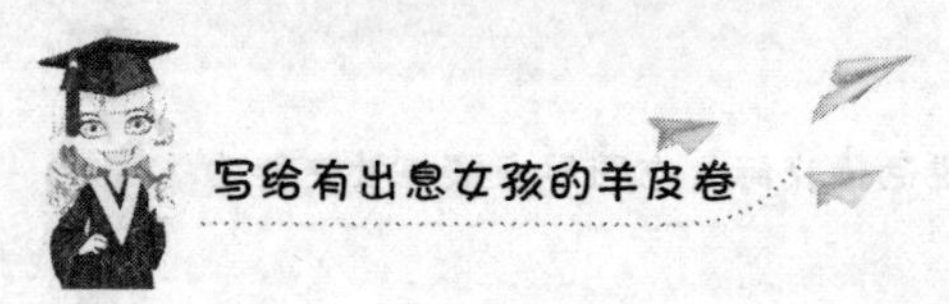

走了。芳芳很是气愤地想，不理我就走了，再也不理他了。

第二天来到学校发现东雨没有来上学，芳芳很是疑惑怎么上学都不来了，后来问了老师才知道东雨生病了请假没来上学，芳芳很是愧疚。想到东雨是下雨来找自己淋了雨才生病的，就去东雨家里来看望。看到东雨脸色发红嘴唇惨白地躺在床上，很是心疼。

“东雨你生病了还不告诉我，你生我气了吗”芳芳愧疚地说，东雨望着芳芳，“你是我最好的朋友我怎么会生你的气，只不过最近家里发生了一些事情很是心烦。”东雨向芳芳诉说家里的事情，让东雨心烦的原因，原来是东雨的妈妈和爸爸感情出现了问题，最近家里的生活很是惨淡，东雨的心理一直都很压抑，芳芳听着东雨的心理话，替东雨心痛，帮助东雨开导心理上的问题，东雨和芳芳聊了很久，东雨明白了什么事情不要压在心里，只有说出来才会有解决的办法。

帮助朋友解决烦恼也是幸福的，芳芳用心开导东雨，让他明白了一直逃避是不能解决问题的，只有从问题中找到解决的方法才是根本目的。聆听朋友的心里话也是幸福的，是最美的声音，只要我们常常听一听这种声音就会感到更加幸福。

女孩如何在下雨天保持好心情?

（1）呵护自己的头发。下雨天潮湿的天气会让头发软软地贴在头上，失去了平时的朝气。不妨在雨天把头发稍微用卷发棒弄卷，再喷一些发胶。这样雨天也可以有一个漂亮的造型。

（2）准备一双长筒袜。女孩子下雨天穿高跟鞋的时候，脚后跟处总是会被雨水溅到，很是麻烦。为了防止这种情况发生，不如随身携带长筒袜，在进入

室内的时候就换掉。这样就不怕雨天把袜子弄脏啦，就会保持一天的好心情。

为你支招

女孩，听对方诉说，也是历练自己的方法。

1.女孩要替对方着想

朋友之间难免会出现一些矛盾，女孩不要因为气愤就忘了事情的根本原因。这个时候要冷静，不要因为愤怒失去了理智，女孩生气的时候不要想自己受到了多少委屈，也要站在对方的位置考虑问题，矛盾是双方造成的，不是一个人的问题，所以也要从自身找问题。

2.女孩要理解朋友的困难

女孩在与朋友相处时要理解对方的困难，不要强迫对方做不喜欢的事，这样的友情是建立在痛苦之上的，朋友间的相处是平等的，不是让你把朋友改变成自己的理想类型，朋友不是你想要的那种，要会用自己的眼光来看待朋友，并且试图改变朋友生活中存在的问题。朋友间相处多了就会更加了解彼此的缺点和优点，这些都是需要包容的地方。

3.女孩要包容朋友的缺点

女孩要知道朋友之间的情义有时也是很脆弱的，一点小事儿产生的误会慢慢增多就会被对方误解，有时候甚至会失去一个朋友，每个人的个性都是不同的，你要包容对方的缺点，保持包容的态度，用倾听来解决问题，做一个体谅别人的人，这样才会和朋友更好的相处。女孩要知道包容也是一种品德，用包容的心态看待身边发生的事其实并没有那么困难，只要放正心态就会沉淀自己的心境，做一个大度包容一切的人。

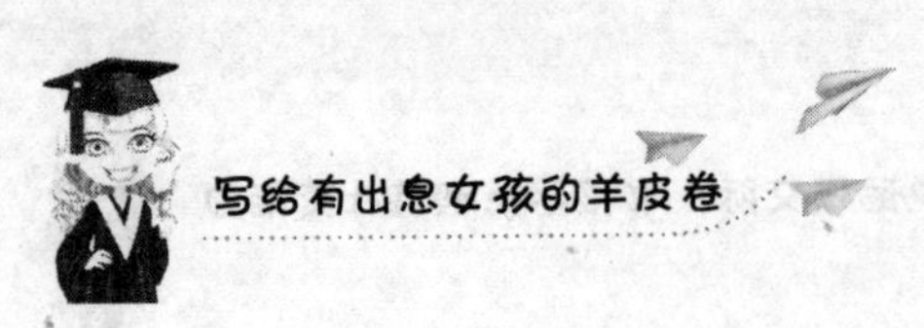

善于结交比自己更优秀的朋友

写作关键词：朋友　优秀

朋友让自己更强大

人生路上有很多十字路口，在每一个路口上都有一个红绿灯，朋友就是红绿灯指引前进的道路。女孩只有结交了优秀的朋友才会更加优秀，成为一个优秀的女孩。

齐国的国君（诸侯国的最高首领）齐桓公是第一个霸主。齐桓公能成功的重要原因之一是他有两个得力的助手管仲和鲍叔牙。管仲是一位有才干的政治家，而他的成功又是和鲍叔牙谦虚让人的品德分不开的。

管仲和鲍叔牙从小就是好朋友。他们互相帮助，真诚相待。长大以后，他们一同去齐国谋生。当时齐国的国君齐襄王有两个弟弟，一个是公子纠，一个是公子小白。说来真巧，管仲和鲍叔牙分别当了他们两人的老师。齐国发生内乱，齐襄王被杀死，谁来当新国君呢？公子纠和公子小白便争了起来。结果公子小白当了国君，他就是齐桓公。

为了治理好国家，齐桓公问鲍叔牙有什么高见。鲍叔牙说："您需要一

个才智过人的贤人来帮助。”齐桓公说：“难道还有比您更能干的人吗？”鲍叔牙肯定地说：“有，就是管仲。”“管仲？！”提起管仲，齐桓公便咬牙切齿，原来在公子纠与公子小白争王位的时候，为保公子纠做国君，有一次，管仲躲在树林中向公子小白暗射了一箭，幸好射在衣带的铜钩上才没受伤，所以结下了一箭之仇。鲍叔牙说：“管仲的才能超过我十倍，您要是不记前仇，真心实意请他来，不但能治理好国家，恐怕其他各国也得听您指挥呢！他说服了齐桓公，设法把管仲请来。管仲见齐桓公不记一箭之仇，非常信任他，就决定帮助齐桓公治理国家了。”

管仲在齐桓公支持下，对齐国进行了一番改革。几年时间，齐国就富强起来，此时为了让管仲充分发挥才能智慧，鲍叔牙谢绝挽留，悄悄地离开了齐桓公和管仲。他的为人令大家钦佩，管仲说：“真正了解我的是鲍叔牙”。后来人们常用“管鲍之交”“管鲍遗风”来称赞管仲和鲍叔牙的友谊。

生活中朋友就是阳光照耀在我们的心上，女孩要知道结交了好朋友就要真心对待，拥有志同道合的朋友很难，所以要更加珍惜友情，用真诚的心维护两人的友情才会更加长久。

知识窗

女孩怎么样保护眼睛？

女孩要知道，吹空调时要避免座位上有气流吹过，并在座位附近放置茶水，以增加周边的湿度多吃各种水果，特别是柑桔类水果，还应多吃绿色蔬菜、粮食、鱼和鸡蛋。多喝水对减轻眼睛干燥也有帮助。保持良好的生活习惯，睡眠充足，不熬夜。避免长时间连续操作电脑，注意中间休息，通常连续操作1小时，休息5~10分钟。休息时可以看远处或做眼保健操。保持一个最适当的姿势，使双眼平视或轻度向下注视荧光屏，这样可使颈部肌肉轻松，并使眼球暴露于空气中的面积减小到最低。

为你支招

女孩，要懂得结交朋友，点亮前方明灯

1.女孩要为朋友着想

女孩要记住与朋友相处是快乐的。朋友之间的关系需要好好经营，学会为对方着想做一个明事理的人，不要给朋友增加难处，不要带着功利心去交朋友。

2.女孩要有自己的个性

每个女孩都有特别之处，这就彰显出了女孩别样的个性。女孩要保持自己的个性不被外界因素改变，现在的社会环境复杂，要想保持自己的个性不被改变就需要变得强大起来，女孩只有不断追求自己的价值取向才不容易迷失自己，保持自己的个性做有品位的女孩。

3.女孩要懂得选择

女孩在拥有很多选择权时就会出现不知道怎么样选择的问题，这个时候就要保持冷静的态度，最好的不一定就是最适合自己的，只有适合自己的才是最好的。女孩要学会选择，知道自己要怎么做才是最正确的选择。在交朋友的问题上也要选择内心真诚有感而发的友情而不需要有目的地去迎合对方的想法的相交，这样对双方来说或者不是最好的结果。女孩要有选择的结交朋友才能拥有真心的朋友。

第08章

学会合作与分享，让卓越人生拥有坚实根基

女孩在生活中要知道与人合作，一个人的力量是有限的，两个人的力量加起来会大于一个人的力量，会更有助于事情的完成，在与人分享中自己也会成长，形成自己的力量，不要做一个单打独斗的独行侠，要懂得与人分享，无论快乐和悲伤，都是成长阶梯，会让我们走上成功的巅峰。

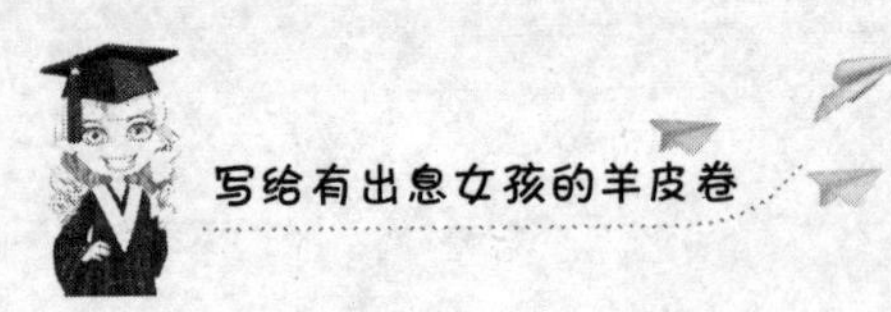

分享是快乐加倍的最好方式

写作关键词：拥有　分享

分给别人快乐，自己会更加快乐

曾经有一个父亲问他的三个儿子说：“如果有两筐容易腐烂的桃子，该怎么样吃才能使容易腐烂的桃子不浪费掉一个呢？”

大儿子说：“先挑熟透的吃，因为那些容易烂掉。”“可等你吃完那些，其余的桃子也要开始腐烂了”，父亲立即反驳到。二儿子思考再三说：“应先吃刚好熟的，先拣好的吃呗！”“如果那样的话，熟透的桃子会很快烂掉。”父亲把目光转移到一直沉默的小儿子身上，问道：“你有什么好办法吗？”他思考片刻说道：“我把这些桃子分给邻居们一些，让他们帮着我吃，这样就会很快吃完而不会浪费一个桃子。”父亲十分满意，不住地点头。

他就是联合国的秘书长潘基文！潘基文曾在不同场合说起桃子的故事。在我们与别人分享的同时自然也会得到别人的回馈，只有那些被用于分享的桃子才会永久保鲜。

在荷兰的阿姆斯特丹，几乎家家户户都会种植郁金香。有一个人名叫汤

姆，他在他家的院子里种满了郁金香。一次偶然的机会，一个过路人带来了一种非常特殊的种子，并告诉汤姆说，这个品种的郁金香开花之后会异常艳丽，异常透明馨香，你买下，种出来的郁金香一定能卖个好价钱。

时间过得很快，汤姆一直细心地守护着他的院子，期待开花时候的到来。有邻居过来问道，汤姆，你那高级的种子能不能给大家都分一点啊。而汤姆的回答总是："不。"

终于开花了，可是令人讶异的是，汤姆家院子里的高级郁金香并没有卖种子的人描述得那么好，甚至，开出来的郁金香都比不上邻居们院子里的郁金香。结果，邻居们的郁金香都卖得很好。汤姆非常愤怒，想，肯定是那个卖种子的人欺骗了自己。

第二年，当那个卖种子的人又来到汤姆的门前，汤姆说的第一句话就是，你这个骗子。卖种子的人问，你是怎么种植的？于是汤姆就把他如何精心呵护那郁金香的经过讲了一遍。当讲到邻居们来要种子，汤姆怎么也不给的时候，卖种子的人打断了他，呵呵，不是我骗你啊，只有你种了这种郁金香，别家的院子都是普通的郁金香，那么当微风一吹，普通的郁金香的花粉就飘到了你的院子，那你的郁金香也不可能像我说的那样，开得那么好了，只有大家都是这种特殊的郁金香，那么，当花粉一传播，才会开出艳丽的花朵。

上面的故事告诉女孩，分享才会更美好，生活中要懂得分享。分享是一件神奇的事情，它使快乐增大，它使悲伤减小，女孩要学会分享做一个快乐的女孩。

知识窗

郁金香：又名洋荷花、草麝香、郁金，它的品种极其丰富且花色艳丽、色彩繁多，令无数人为之倾倒。郁金香的话语为博爱、体贴、高雅、富贵、能干、聪颖。红色郁金香代表热烈的爱意；粉色郁金香代表永远的爱；黄色郁金香代表开朗；白色郁金香代表纯洁清高的恋情；黑色郁金香代表独特领袖权力、爱的表白、荣誉的皇冠、永恒的祝福；紫色郁金香代表高贵的爱、无尽的爱。

为你支招

女孩，如何学会分享，在分享中成长？

1.女孩不要吝啬

女孩在生活中不要吝啬地对待他人。不要吝啬你的微笑，要用微笑的力量感动对方。不要吝啬你的善良，善良可以让人变得坚强。不要吝啬你的真诚，真诚可以给人绝对的信任。不要吝啬你的热情，热情可以让人奋发向上，要在分享中改变自己，不断成长。

2.女孩不要虚荣

虚荣是一层伪装的外衣，女孩要抛弃伪装展现真实的自己。女孩总是希望自己可以拥有最好的事物，可是现实往往是残酷的，你的付出和得到可能不能成正比，这个时候虚荣的心理就会产生。女孩要正视自己的价值，每个人都有闪光点，做一个真实的女孩，做力所能及的事，不要攀比，正视自己的内心，不做虚荣的女孩。

3.女孩不要自私

女孩在生活中不要自私，要知道学会分享才会被更多的人喜欢，也会改变自己的做事态度。做一个会分享的人，就会得到更多的快乐和更多的朋友，不要让愚昧的自私影响了自己的气质和风格，要大度地分享自己的喜怒哀乐，分享快乐就会使快乐加倍，与对方分享伤心，伤痛就会减半，所以要做个会分享的女孩。

分享让我们拥有更多

写作关键词：拥有 甜蜜

多一份调料的糖果

在小山村里生活着四个小姐妹，他们的父母在很久以前的一场天灾人祸中离开了人世，现在他们四姐妹相依为命，大的那个姐姐担负照顾三个妹妹的责任。一日，姐姐从城里回来，给三个妹妹带了三块糖。对于这三个不幸的孩子，这已经是很好的礼物了。看着妹妹们津津有味地吃着糖，姐姐忽然想到了个好主意。她唤来了三个妹妹，和蔼地对她们说："糖果甜吧？"妹妹们都不停地点头，对姐姐说："姐姐，你什么时候再给我们带糖呀？"姐姐说："只要你们天天都快乐，姐姐每天都给你们带糖吃。"可是，这些没爹没妈的孩子怎么才能天天都快乐呢？姐姐每天在城市里帮城里的小商店搬东西，虽然城里的人都没给她什么好脸色，但她总是笑脸相迎，她不只是为了自己有碗饭吃，每当她想起家里的三个妹妹正在快乐地嬉戏，她就露出甜蜜的微笑，肩上的重物也仿佛轻了很多。三个妹妹虽然成天见不着姐姐，但无论是在河边嬉戏，还是在林间打闹，她们都时刻想念着姐姐，不只是想着姐姐带给她们糖吃，她们

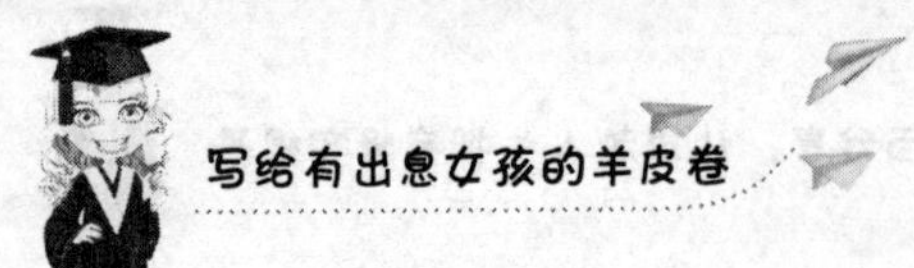

想着的是姐姐在城里的安危。一日，姐姐从城里回来，妹妹们跟往常一样围到姐姐身边，但这次，姐姐并没有像往常一样给妹妹们每人一颗糖，妹妹们看着姐姐的颓丧，仿佛都明白了什么。姐姐的眼睛仿佛也黯淡了很多。沉静片刻后，一个妹妹把拳头递给了姐姐，张开拳头，里面是六颗保存完好的糖果，接着，一只只小拳头伸向了姐姐，一颗颗糖果轻轻地落在了姐姐的手中。姐姐顿刻惊呆了。姐姐搂住了三个妹妹，因为感动，妹妹不禁流下了热泪。此后，姐姐跟往常一样每天给妹妹们带回三颗糖，但每天总有一个妹妹没有吃糖，姐姐每天都能吃上，妹妹给她一颗糖。三个妹妹虽然每天都有一个没有糖吃，但她们比以前更加的快乐。

姐姐因为妹妹们去打工赚钱，妹妹们为姐姐留下糖果，这是一个感人的故事，姐妹们分享着甜蜜的糖果，因为分享更加甜蜜。姐姐虽然承担了痛苦但是妹妹们也知道姐姐的难处，姐妹四人幸福地互动着，她们懂得分享就会得到更多快乐，用快乐驱赶阴霾让阳光照射幸福的港湾。

知识窗

世界上最甜的植物

世界上最甜的不是糖，而是分布生长在非洲塞拉利昂至扎伊尔的热带雨林中，名字叫卡坦非，也称苏凡奥秘果。它的甜度比蔗糖高75~1600倍。

卡坦非，是一种草本植物，株高可达3米，叶宽，椭圆形，薄如纸，短穗状花序，花生于近地面叶柄上隆起的基部，每个花序成对生长，约为12对，花呈紫红色。通常只有2~3对开花结果。果实为三角形的肉质果，初熟时，由墨绿色转为褐色，全熟了呈鲜红色。每个果实里有1~3枚深黑色种子，种子顶端覆有柔韧的膜质囊，其内含有极甜的黏性物质。

为你支招

女孩，如何学会分享，明白分享才会拥有更多?

1.女孩要懂得分享

女孩对于分享的观念其实很弱，“自己的为什么要给别人”，常常会有这种心理，其实女孩要认清分享的观念，分享不是指你有一条漂亮的裙子就要给别人，其实你可以和好朋友讨论什么样的裙子适合自己，分享裙子的各种观点，也是获得快乐的一种，这样和朋友相处就会更加了解对方以及双方的性格，加深彼此的友情。

2.女孩要主动分享

女孩在与对方分享时可能会有比较性，会想“对方怎么不告诉我”这个观念，这个时候不要存在误会的心理，女孩要主动出击，直接去问对方的想法。一个人做一件事需要10分钟，两个人一起合作只需要5分钟，其实分享没有什么困难，只要运用得合理，快乐可以加倍，伤心可以减半。女孩要学会主动分享，就会有很多的朋友和你分享他们的喜怒哀乐，这些都是促进朋友之间友情的好方法。

3.女孩要学会分享

女孩与朋友之间常常会有一些矛盾，其实都是因为不理解对方的想法所产生的误会。女孩在与人相处时要分享自己的情绪，无论正能量还是负能量都和朋友分享，才会让自己快乐起来，不要存在不好意思的想法，和朋友之间分享才会让自己拥有更多的快乐。朋友间的开导与解惑都会让自己走出内心的逆境，向好的方向发展前进，女孩要与朋友敞开心扉地分享就会拥有更多快乐。

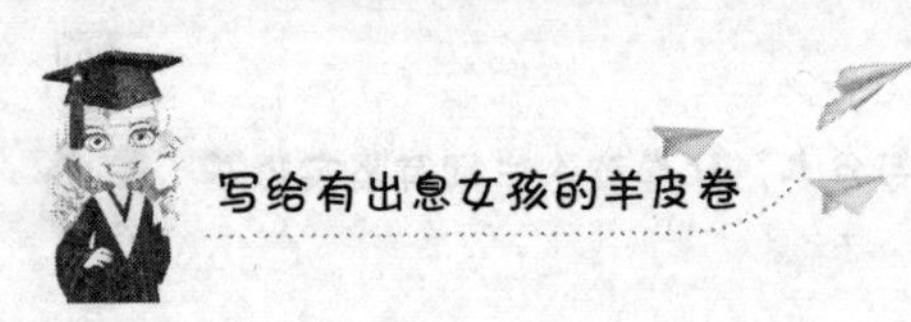

女孩与人合作不柔弱

写作关键词：团结　合作

与人合作，互利互惠

牧师请教上帝：地狱和天堂有什么不同？

上帝带着牧师来到一间房子里。一群人围着一锅肉汤，他们手里都拿着一把长长的汤勺，因为手柄太长，谁也无法把肉汤送到自己嘴里。每个人的脸上都充满绝望和悲苦。上帝说，这里就是地狱。

上帝又带着牧师来到另一间房子里。这里的摆设与刚才那间没有什么两样，唯一不同的是，这里的人们都把汤舀给坐在对面的人喝。他们都吃得很香、很满足。上帝说，这里就是天堂。

同样的待遇和条件，为什么地狱里的人痛苦，而天堂里的人快乐？原因很简单：地狱里的人只想着喂自己，而天堂里的人却想着喂别人。

在南美洲的草原上，有一种动物却演绎出迥然不同的故事：酷热的天气，山坡上的草丛突然起火，无数蚂蚁被熊熊大火逼得节节后退，火的包围圈越来越小，渐渐地蚂蚁似乎无路可走。然而，就在这时，出人意料的事情发生了：

蚂蚁们迅速聚拢起来，紧紧地抱成一团，很快就滚成一个黑乎乎的大蚁球，蚁球滚动着冲向火海。尽管蚁球很快就被烧成了火球，在噼噼啪啪的响声中，一些居于火球外围的蚂蚁被烧死了，但更多的蚂蚁却绝处逢生。

女孩要知道现在社会需要的是共同合作，不是一个人的横冲直撞，这样可能会一事无成。女孩在说事的时候可以找个同伴携手并进，合作的关系往往可以更快速地与人交流，并且可以结识朋友，相互督促，共同进步。

知识窗

吃螃蟹的好处：螃蟹含有丰富的蛋白质及微量元素，对于蛋白质的美容作用，我们已经略知一二。而微量元素在肌肤美容中也同样占有很重要的地位，如镁是构成体内多种酶的主要成分之一，对体内一些酶有激活的作用，能维持皮肤的光洁度；锌和硒元素则有抗脂质过氧化作用，它们能清除体内的自由基，使皮肤免受脂质过氧化损伤，从而使皮肤柔软、滑润、消除皱纹。中医认为，螃蟹有清热解毒、舒筋活血、通经络、补骨添髓、续绝伤、滋肝阴的功效。对于损伤、黄疸、淤血、腰腿酸痛和风湿性关节炎等疾病有一定的食疗效果。螃蟹中丰富的蛋白质和人体必须的营养元素，对身体有很好的滋补作用。

为你支招

女孩，如何学会合作，明白互相帮助才可能成功？

1.女孩要懂得互相帮助

女孩子在与朋友相处的时候不要总是以自我为中心，一定要考虑到对方的意愿，不要强迫朋友按照自己的想法来做事。朋友之间的友情需要时刻维护，两人之间的感情是在帮助与被帮助中形成的。要知道帮助别人也会很快乐，有

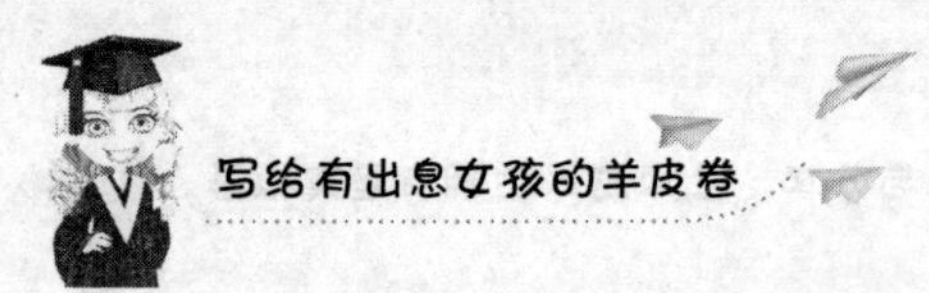

时可能对自己来说只是微不足道的小事，但对对方的影响会很大，“赠人玫瑰，手有余香”，只要帮助别人自己就会更快乐。

2.女孩要明白合作的关系

合作就是个人与个人、群体与群体之间为达到共同目的，彼此相互配合的一种联合行动方式。女孩在与人合作中一定要正式看待这个问题，在合作中的凝聚力会产生巨大力量。合作是与人共同去完成一件事情，两个人的力量会比两个人分别努力得到的更多。在生活中老师给我们布置的作业两个人相互探讨问题会比一个人思考得到的效果更好更全面。女孩在学习中积极地与人合作，相互信赖，共同进步学习成绩才会快速提高。

3.女孩要怎样团结

女孩在成长中不可或缺的就是团结，班集体的荣誉是力争上游的榜样，与同学相处中就要团结，不可以不合群地做独行侠 ，不知道团结的女孩只有一个结果就是一事无成。团结会让整个人的素质风格产生不一样的影响力，不只是在生活学习中，在以后步入社会也会有很大的作用。

女人要懂得双赢

写作关键词：胜利 荣誉

一个人，不如两个人

从前，有两个饥饿的人得到了一位长者的恩赐：一根鱼杆和一篓鲜活硕大的鱼。经过谈判，其中一人得到了那篓鲜活的鱼，另一个人得到了一根鱼杆。得到鱼的人原地用干柴搭起篝火煮起了鱼。他狼吞虎咽，还没品尝出鲜鱼的肉香，转瞬间，连鱼带汤就被他吃了个精光。不久，他便饿死在空空的鱼篓旁。

另一个人则拿着鱼杆继续忍受着饥饿，一步一步艰难地向海边走去。当不远处的那片蔚蓝色的海洋出现在眼前时，他最后一点力气也用完了，于是他只能眼巴巴地带着无尽的遗憾撒手人寰。

又有两个饥饿的人，他们同样得到了长者恩赐的一根鱼杆和一篓鲜活硕大的鱼。只是经过谈判，他们并未各奔东西，而是商定一起去找寻大海，他俩每次只煮一条鱼共同分享。经过长途跋涉，他们来到了海边。两人从此开始了以捕鱼为生的日子。

几午后，他们盖起了房子，有了各自的家庭、子女，有了自己建造的渔

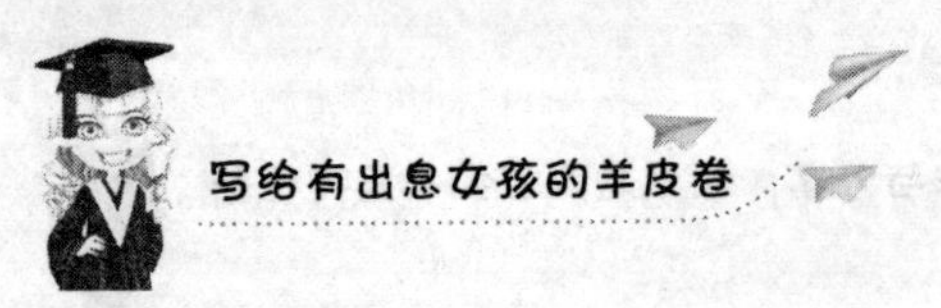

船，过上了幸福安康的生活。

有一个装扮像魔术师的人来到一个村庄，他向迎面而来的妇人说：“我有一颗汤石，如果将他放入烧开的水中，会立刻变出美味的汤来，我现在就煮给大家喝。”

这时，有人就找了一个大锅子，也有人提了一桶水，并且架上炉子和木材，就在广场煮了起来。这个陌生人很小心地把汤石放入滚烫的锅中，然后用汤匙尝了一口，很兴奋地说：“太美味了，如果再加入一点洋葱就更好了。”立刻有人冲回家拿了一堆洋葱。陌生人又尝一口：“太棒了，如果再放些肉片就更香了。”又一个妇人快速回家端了一盘肉来。“再有一些蔬菜就完美无缺了。”陌生人又建议道。在陌生人的指挥下，有人拿了盐，有人拿了酱油，也有人捧了其他材料，当大家一人一碗蹲在那里享用时，他们发现这真是天底下最美味最好喝的汤。其实那不过是陌生人在路边随手捡到的一颗石头。其实只要我们愿意，每个人都可以煮出一锅如此美味的汤。当你贡献自己的一份力量时，众志成城，汤石就在每个人的心中。

有这么一个故事。一只狮子和一只狼同时发现一只小鹿，于是商量好共同去追捕那只小鹿。它们合作良好，当野狼把小鹿扑倒，狮子便上前一口把小鹿咬死。但这时狮子起了贪念，不想和野狼平分这只小鹿，于是想把野狼也咬死，可是野狼拼命抵抗，后来狼虽然被狮子咬死，但狮子也受了很重的伤，无法享受美味。

女孩要知道合作的重要性，相信自己的合作伙伴才会成功。一个团队只有在信任的氛围中才可能有高效的工作，如果大家相互猜忌，互不信任，那么分工也不可能成功。不要什么事情都从自身的角度考虑，多替对方考虑，事情的发展就会有更好的结果。在与同伴的相处中要让自己多一些亲和力也是很重要的，这样相处就会更加和谐。在集体中多付出也并不一定是坏事，这样对自

己能力的提高是一个不错的历练方法，良好的集体拥有积极的合作就会势不可挡，坚不可摧。

知识窗

女人与钻石

钻石是指经过琢磨的金刚石，金刚石是一种天然矿物，是钻石的原石。简单地讲，钻石是在地球深部高压、高温条件下形成的一种由碳元素组成的单质晶体，是爱情和忠贞的象征。钻石在天然矿物中的硬度最高，其脆性也相当高，用力碰撞仍会碎裂。根据历史传说，钻戒的寓意代表互相维系。早在古罗马时代，戴上戒指就成为男女互相承诺的一种方式，象征着生命和永恒。而婚戒之所以戴在无名指上，是因为埃及人相信这个手指的血脉直通心房，可以达到主管爱情的地方—心脏。寄宿了太阳力量的钻戒，更能强化爱情，让爱情历久弥坚。在古代，钻戒的寓意应当是最纯真、最美好的吧。那时候，男女选择钻戒的意义仅在于纪念彼此最长久、最坚定的爱情。

为你支招

女孩，如何学会合作，明白互相帮助才可能成功?

1.女孩要懂得配合

女孩要知道在一个集体中就要有主次之分，大家都想成为令人瞩目的主角，但是配角的亮丽才更加显示出主角的璀璨。配合得当才会体现出整体的完整性，因为主次不明在配合中体现不出主要表达的意义也不是一个成功的结果。在配合中不是失去了闪光点而是因为夺人眼球才会更好地展现自我，女孩自信地与集体配合就会成为焦点。

2.女孩要懂得团结

团结是一种精神的力量，女孩在与朋友之间与班集体之间都要有团结的荣誉。在集体中与每一个人都要形成统一战线，相互的了解，彼此的相知相伴、团结一心才会成功。女孩在团结的集体中更能发现真善恶，明白朋友之间善良的真友情，也会与真心朋友长久的相处，这就是团结的力量。

3.女孩要懂得给予

女孩在给予别人的同时自身也会更加快乐，给予别人自己力所能及的帮助，自己会很快乐，知道自己的价值被别人需要着，也是快乐幸福的。给予别人不代表自己会失去什么而是自己会拥有什么，给予朋友的帮助会让自己更加珍惜友情，明白朋友的重要，知道友情得来不易，给予朋友快乐，自己也会更加快乐，女孩要懂得给予才会更加幸福。

第09章

养成节俭好习惯，有钱也不乱花钱

节俭是中华民族的优良传统，女孩更要养成节俭的好习惯，现在的物质条件很丰富但是我们也不要养成大手大脚的习惯，钱财的花销要斟酌考虑，不要浪费买一些无用的东西。我们现在的物质条件都是父母为我们创造的，不要挥霍父母的辛勤劳动，养成良好的节俭习惯对我们未来的人生都有很大的好处，女孩要做个知道节俭的好孩子。

如何规划自己每月的开销

写作关键词：账单　支出

账单的魔力

晴朗的天气，小芳和小云走在上学的路上，两个人正在讨论最新出的玩具。“这个月我妈妈给我的零花钱都没有多少了，都不够买最新的玩具。”小芳苦恼地说着。小云说：“我妈妈给我的还有很多，我想要买什么都会记个账单，计算着自己怎么花才会买到自己想要的，这样就不会很快把钱花完了”。

小芳听了小云的话很是激动，原来还可以这样，我怎么不知道，真是太笨了。小芳开始向小云请教怎么样做账单来统计自己的花销和支出，怎样才能将零花钱用在有用的地方，不乱花钱。两个人开心地计算着各自的零花钱，只要省下一根雪糕的钱就可以买一只学习用的笔，两个人相互探讨各自的想法，对零花钱怎么样支出也越来越看重，这样子持续了一个月。

小芳把自己省下的钱放在了储钱罐，妈妈正好看见很是惊讶，每次都是吵着零花钱不够花，竟然还能剩，感觉很是吃惊。妈妈笑问小芳：“你最近怎么不吵着要零花钱了，是不是朝你爸爸要了。”小芳无奈地看着自己的妈妈：

“我就算是想要，爸爸也要有啊，你都不给爸爸钱，他怎么给我。我是有人帮忙，我现在自己会做账单了，知道计算着花，不像之前只知道买什么，到后来要买什么就不够了，现在算好了还有剩余。”小芳得意地笑着。妈妈很是吃惊，认为给孩子零花钱就让孩子省着花，还没想过让孩子自己做账单这种细致的事情，感觉是自己的过失。

“小芳你这样妈妈很是欣慰，很开心，以后也可以帮妈妈计划一下家里的账单，你要努力啊。”妈妈很是开心地说。“我明白”小芳开心地说着，心里想多亏了小云，要不妈妈总是唠叨，都不知道夸奖夸奖我。

自从妈妈让小芳参与家中记账单的事情，小芳改变了很多，知道了家里的支出方向，每一笔钱都是怎样流走的，那些支出可有可无。小芳也更加懂得了父母的辛苦，为了自己的付出，小芳也更加节约，懂得父母挣钱的不容易。自己要合理运用好每一分钱，花在有价值的事情上，不会把钱用在无用的事情上。

这件事告诉女孩要合理地使用零用钱，每一分钱都是父母的汗水换来的，不要轻易把钱花在没有用的地方，养成勤俭节约的好习惯，制定有计划的账单就是一个很好的办法，大家也可以试试给自己做一个有计划的账单，你知道自己的花销，相比没有账单之前做个对比，知道账单的好处，学会合理的理财方法，在以后的生活中都会有很大的作用。不做浪费的女孩，做一个会花钱的女孩，花得合理花得精细花得让人佩服，做一个精明理财的人。让父母对你欣慰，伙伴对你惊艳，老师对你刮目想看，做个理财小精英。

知识窗

女孩多喝水的好处：防止老化：人体七成是由水组成的，其比例会随着年龄的增加而减少。所谓老化，就是干燥的过程，人体一生的含水量由80%开始到50%为止，水分流失量会与年龄成正比。缓解感冒：感冒时，最好每天能喝二三千毫升以上的水，这样能将病毒和其所产生的毒素经尿液排出。流行性感冒滤过性病毒多在低温、低湿环境滋生，保持居家环境及体内的湿润，即可减少传染机会。退烧：发烧时，医师常给病人打点滴，将大量的水分直接送入体内，这样可立即减轻发烧，达到退烧的效果。减肥：吃饭前，先喝杯水或一碗汤，可减少饭量，对控制体重有明显的帮助，从而防止发胖。美国科学家罗伯逊博士实验表明，每日饮水8至12杯，便能每周减肥0.5公斤。而饮冷水最好，因冷水易为组织吸收，可消耗热量，餐前饮水，便有饱胀感，可减低食欲。冷水还能使血管收缩，减慢脂肪吸收。

为你支招

女孩，如何学会合理运用理财的方法？

1.女孩要记账单

现在很多的女孩花销之前都是不计划的，平时大手大脚，关键时刻就会出现资金紧张的局面，最后只能向父母求助。所以女孩现在就要学会记账单，记账单就会清楚地知道自己的花费是多少，有了合理的概念，不会平白无故地买些不需要的东西。记账不仅可以锻炼自己的记忆力和条理性，更会让女孩在生活中学会理财的常识，有效率的消费才是合理的消费，用账单来辅助消费，就会改善消费中的不足，让生活因为账单充满色彩。

2.女孩要学会理财

理财是一个很大的观念，现在成年人的理财观念都是信用卡，预先支付会有过多不合理的消费。没有节约的概念就会产生很多不必要的开销，可能你还没有注意，但是现在注意也还为时不晚。理财的观念深入人心，就会改变自身的生活方式，要合理地选择适合自己的消费，不做无意义的消费，养成记账的

习惯，就会对理财有更深刻的观念。

3.女孩要学会合理消费

现在的消费种类繁多，合理的消费成为了女孩必须要懂的观念，不盲目消费，合理看待打折产品以及促销的产品，不要因为贪便宜买一些不需要不实用的东西，这样都是浪费的消费，长时间累积的消费支出会是一笔很大的开销。只要养成合理的消费观念，就会成为一个理性的消费者。

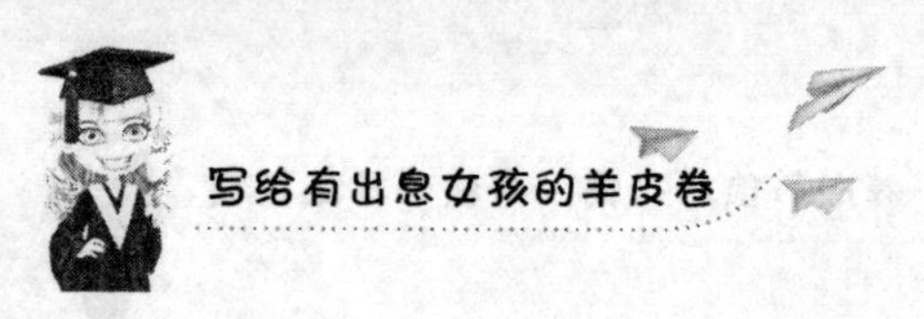

制订一份压岁钱使用计划

写作关键词：压岁钱　存着

过年的大红包

那个晴晴期盼已久的日子——春节终于来临了！每当这个日子，外公、外婆、爷爷、奶奶都会给晴晴压岁钱。年三十那天，晴晴兴奋不已，想想明天自己就会财源滚滚，晴晴高兴得彻夜难眠，这个节日太重要了。这是个可以拿好多红包的日子，一定不可取消。

年初一早上，晴晴和妈妈赶了两个半小时的车到外婆家拜年，一进门，晴晴就赶紧说："祝外公外婆身体健康，新年快乐！"外婆听了高兴地把晴晴迎了进去，而妈妈却被冷落在一旁，看了直嫉妒。不一会儿，外婆拿出一个厚厚的红包放在晴晴手里，笑容可掬地对晴晴说："祝晴晴学习好，身体好，快快长大。"为了表示客气，晴晴假装一再推辞，其实心里甜滋滋的。拿了压岁钱，晴晴马上到小房间，拿出钱，把红包一扔，马上把1200元钱揣在兜里。"哈哈！我发财了，对这些钱，我绝对不会客气，暗暗盘算着怎么用，我一定要买一个最新款的长发娃娃，对，还有新出的套装小熊……想到这里" 晴晴抑

制不住心中的喜悦，怕夜长梦多，晴晴悄悄地踏出了家门，准备实现刚才的想法，但是还没有出门就被妈妈叫了回来："回来。"妈妈的声音让晴晴心里一寒，心想：这次准又凶多吉少，往年的情景立即浮现在眼前，那"堆积如山"的压岁钱被妈妈搜刮得一干二净，变成了厚厚的练习册，想到这里，晴晴双腿发软，慢吞吞地挪了回来，结结巴巴地问："妈妈，干……干什么？""女儿，这句话应该是我问你的呀。""哦，我想出去逛逛。""是吗？那你先把压岁钱放在我这儿，明天我带你去书城看看，买些书回来。"晴晴听了像是掉进了冰窟窿，晴晴想反驳，但妈妈的威严让晴晴无法抵挡，晴晴双手哆嗦着把钱给了妈妈。妈妈看着晴晴的样子说："这么想要压岁钱？"晴晴激动的点了点头，妈妈无奈地说；"看你也长大了，就要知道怎么花钱，不要乱花，合理运用，不可以买没有用的东西，知道了吗，然后把钱还给了晴晴。"晴晴很是惊讶，拿着钱反倒不知道要买什么了。晴晴拿出一张纸，计划怎样花销自己的压岁钱，在屋里来回地走动，这时看到电视上一闪而过的一个满脸污渍的小女孩的场景，觉得自己很幸福，最后下了一个决定，把自己一半的压岁钱捐给贫困的小孩，省下的要留作买学习用品，省下的有需要的时候在定，用做流动资金。和妈妈报备了账单，妈妈很是欣慰地夸奖了晴晴，"现在知道勤俭了，以后也要做自己的规划，懂了吗。"晴晴很是开心，决定以后都要把钱用在合理的地方，不要总是买一些无用的东西，要做有意义的事情。

晴晴终于可以支配自己的压岁钱了，但是她并没有买自己喜欢的玩具而是把钱分成三份：一份用来资助贫困的小朋友，一份用来自己学习，一份省下来为以后做打算。晴晴用爱心感动了妈妈，也让自己获得了新年最好的礼物，这就是最好最温暖的幸福。女孩也要向晴晴学习：做一个规划，体验用压岁钱的快乐与幸福。

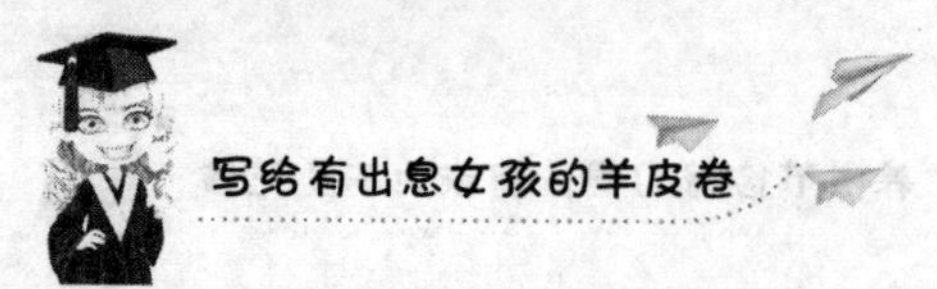

知识窗

女孩多吃苹果的好处：

生活中女孩必须要吃苹果，每天一个苹果就可以补充充足的维生素，苹果能让女孩健康，同时也帮助女孩把守好防癌和防止肥胖的关口，苹果中的营养成分及其他植物化学成分有助于抗击癌症。苹果对健康有利，更是女性健康的守护神。吃苹果最好连皮一起吃，因为与苹果肉相比，苹果皮中黄酮类化合物含量较高，抗氧化活性也较高。苹果内含多种有效预防心脏病元素。苹果富含叶酸，叶酸是维生素B的主要成分，它有助于防止心脏病的发生。苹果中的抗氧化剂有利于心脏的健康运转，苹果的纤维、果胶、抗氧化物和其他成分能降低体内坏胆固醇含量并提高好胆固醇含量。

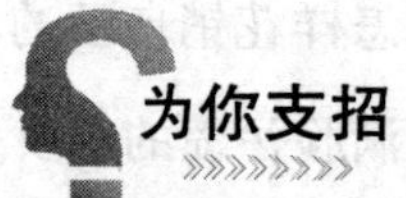

为你支招

女孩，如何有意义的利用压岁钱？

1.女孩要合理使用压岁钱

压岁钱是亲人给予女孩的祝福，不是一般的零用钱，这就要合理地运用，不可以浪费亲人给予的关怀，有意义的使用才不会辜负亲人的爱。制定合理的计划，不可以乱花乱用，可以先存起来，然后在需要的时候取出来，用在需要的时候。分成几份用做什么需求，用在学习方面，或者赠与弟弟妹妹的节日礼物，不要浪费到不需要的地方，学会合理地运用压岁钱才不会让父母失望，做一个懂得管理钱财的小主人。

2.女孩要懂得存钱

压岁钱一般都会是很大的数目，这就是考验理财能手的时候了，女孩可以把钱存起来，一半死期，一半可以随时取出，死期的可以增加收入，活期的可

以用作日常的需要使用，这样可以让父母更加放心，也会让父母知道自己的理财能力，会很信任自己的孩子不会乱花，也会让自己的理财能力有所提高。

3.女孩要懂得花钱

女孩在买东西的时候要知道选择，对选择好的物品货比三家都是必须要的步骤流程，不要盲目地买东西，要了解最新的物品情况并按照对比买东西，不要买到假货或者是不符合实际情况的物品。合理的消费才是正确的消费，切合实际改善消费水平才会管理好自己的小金库，用钥匙锁住钱财，成为合理的小管家。

用你日常积攒的钱来做什么

写作关键词：攒钱　合理

可爱的小猪肚子

金灿灿的小猪有一个圆鼓鼓的肚子，笑眯眯的小眼睛，红艳艳的小嘴可爱得不得了，这就是果果的宝贝，一个大大的小猪储钱罐。果果每天的习惯动作就是抱起可爱的小猪摸摸头，然后晃一晃，听一听小猪的声音，拍拍肚子满意地放下。妈妈每次看到果果的动作总是狂笑不止，感叹家里有个小财迷。

这天妈妈说果果是个小财迷，果果反驳道，我不是财迷，我是一个有存款的人，妈妈很是惊讶，感觉孩子这么小就有了存款的意识，就决定好好教导一下果果对钱财管理的看法。“果果，妈妈想知道你攒钱要干什么，有了钱要怎么花？”妈妈问果果。果果听了妈妈的问题很是不解，“就是想让小猪肚子鼓起来，让小猪不挨饿。”妈妈听了很是无奈，原来孩子的想法这样简单，只不过希望把储钱罐装满，妈妈决定要教会果果理财的概念。妈妈告诉果果理财不只是要攒钱，还可以挣钱，小猪肚子里的是钱，有了钱就需要有计划地花掉，也可以让小猪肚子里面更鼓，这都是理财的知识，果果听了妈妈的话恍然大

悟，原来小猪肚子不只是要装满，还可以做更多的事情。

果果把小猪肚子里面的钱全部拿出来，分类放好。整钱多少张，硬币多少枚，算好了储钱罐里一共有多少钱，把整钱存到了银行，剩下的零钱留下了，需要用到的时候就记下来支出多少，每天自己会节约多少零用钱，每一笔钱都计算好，没事的时候果果还是会去摸摸小猪肚子，然后晃一晃。妈妈总是在一旁看着果果笑。

果果的奶奶过生日，全家人都在为奶奶庆祝生日，只有果果没在，妈妈也很是疑惑。明明刚才还在，现在人怎么就不见了，这时只见果果气喘吁吁地跑回来，手里提着一个袋子，很大，看不出装了什么东西，“祝奶奶生日快乐，越来越年轻。”果果兴奋地对奶奶说道。边说边打开袋子，原来里面有一件漂亮的红色大衣，果果拿出来递给奶奶让奶奶穿上，原来果果是给奶奶买礼物去了。奶奶又惊又喜，非常开心，这是自己的孙女给自己买的东西，奶奶也露出来了骄傲的神情。

果果把自己的小猪肚子里面的钱拿出来给奶奶买了生日礼物，这是果果对奶奶的孝心，也没有乱花钱，把钱有计划地花出去，为了给奶奶惊喜给奶奶买了礼物。合理的花销让果果更加懂得了花钱的意义，只有这样才是攒钱的快乐，攒钱的目的不是装满而是惊喜，花钱会给人带来惊喜，自己也会很快乐。

女孩也要向果果学习，果果不乱花钱的品质，还知道给长辈买礼物这都体现了果果的孝心。存钱体现了勤俭节约，不乱花。在消费前就开始计划合理的消费，不做没有准备的事情，这都是果果的优点。只有制定出好的计划才会更合理地支配好每一分钱，不浪费不花冤枉钱，有理智才不会浪费，做好钱财的小主人。

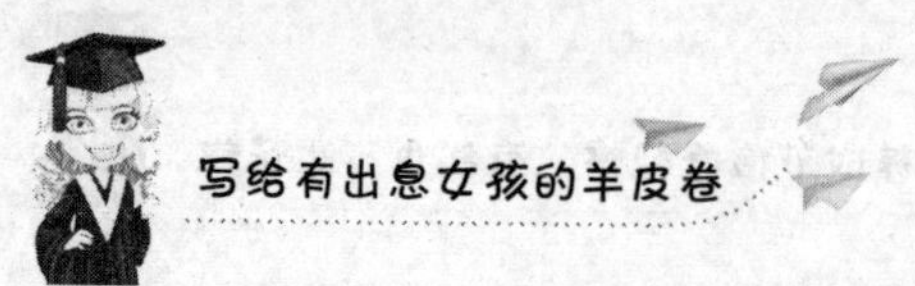

知识窗

人们用来储蓄钱财的盛器，也是一个地区乃至一个民族文化和历史的表现，实际上是一种工艺品。20世纪50年代初，在湘潭古城，玩具摊上还在卖这种储钱的小陶罐，它的妙处是硬币可以放入，却无法取出。因此小孩子平日将父母给的零花钱从小孔中塞进去，到快过年时，钱贮满了，便打烂小陶罐，拿了钱去快乐地消费，故此物又名“扑满”。“扑满者，以土为器，以蓄钱；具有入窍而无出窍，满则扑之。

为你支招

女孩，如何有意义的利用平时的零花钱？

1.女孩要有计划地使用零花钱

现在父母都会给孩子很多零花钱，这些零花钱要如何花，如何不浪费不乱花，接下来女孩就要好好学习，零花钱分成两份，一份用作需要的开销，省下的就攒起来留着需要的时候再支出。不要一次就把零用钱全部花掉，这样就会养成大手大脚不知道节俭的坏毛病。女孩要懂得什么时候都不要全部花光，要留下一些以备不时之需，这对女孩的未来都有很大的益处。

2.女孩要有支出的概念

零花钱是有一定金额的，但是有的女孩花钱是没有概念的只知道有多少花多少，这就是不好的观念，要对零花钱有一定的规划，不要钱花没了却不知道自己买的什么东西，那样就不是好的理财观念。女孩要对支出有一定的概念，制定合理的账目才会了解每一笔支出与收入，也会对零用钱有更好的管理。

3.女孩要知道节约

节约是中华名族的传统美德，只有良好的习惯才会做出好的品格。现在的

生活环境是优越的，女孩要懂得勤俭的美德，勤俭不是抠门也不是吝啬。恰恰相反，用节约下来的钱财对别人伸出帮助的友谊之手就是最幸福的事情。我们要节约父母的血汗钱，不奢侈浪费才是我们应该追求的个性，不要浪费父母对我们的爱，我们要报答父母的养育之恩。

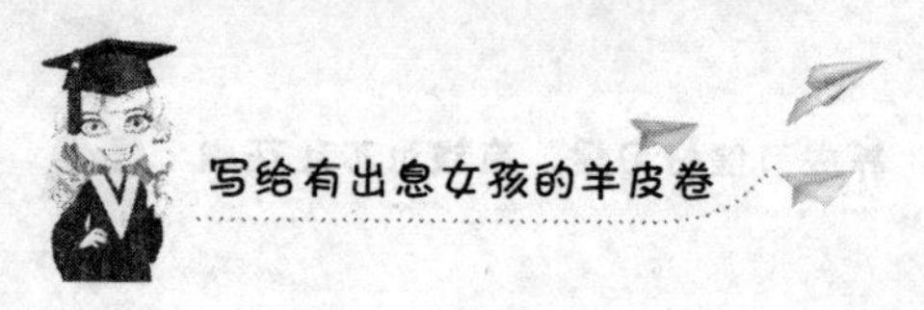

不要随意挥霍一分钱

写作关键词：长久　坚持

从古到今的节俭

东晋有个大官叫吴隐之，他幼年丧父，跟母亲艰难度日，养成了勤俭朴素的习惯。做官后，他依然厌恶奢华，不肯搬进朝廷给他准备的官府，多年来全家只住在几间茅草房里。后来，他的女儿出嫁，人们想他一定会好好操办一下，谁知大喜这天，吴家仍然冷冷清清。谢石将军的管家前来贺喜，看到一个仆人牵着一条狗走出来。管家问道："你家小姐今天出嫁，怎么一点筹办的样子都没有？"仆人皱着眉说："别提了，我家主人太过节俭了，小姐今天出嫁，主人昨天晚上才吩咐准备。我原以为这回主人该破费一下了，谁知主人竟叫我今天早晨到集市上去把这条狗卖掉，用卖狗的钱再去置办东西。你说，一条狗能卖多少钱，我看平民百姓嫁女儿也比我家主人气派啊！"管家感叹道："人人都说吴大人是少有的清官，看来真是名不虚传。"

唐宋八大家之一的苏轼21岁中进士，前后共做了40年的官，做官期间他总是注意节俭，常常精打细算过日子。公元1080年，苏轼被降职贬官来到黄州，

由于薪俸减少了许多，他穷得过不了日子，后来在朋友的帮助下，弄到一块地，便自己耕种起来。为了不乱花一文钱，他还实行计划开支：先把所有的钱计算出来，然后平均分成12份，每月用一份；每份中又平均分成30小份，每天只用一小份。钱全部分好后，按份挂在房梁上，每天清晨取下一包，作为全天的生活开支。拿到一小份钱后，他还要仔细权衡，能不买的东西坚决不买，只准剩余，不准超支。积攒下来的钱，苏轼把它们存在一个竹筒里，以备意外之需。

女孩要知道，节俭是中华名族五千多年的传统美德，我们要延续下去，让节俭的风尚传递更远。节俭对女孩来说是一个优秀的品质，只有节俭的精神才会约束好自身的缺点。历史上的伟人都在节俭，我们又有什么理由不去节俭，让我们把节俭发扬光大，更加珍惜我们现在所拥有的幸福生活。

知识窗

节俭，指节约俭省。这是一个种美德，更是一种优秀的传统文化，是提升思想道德素质的一个途径。

节俭体现了对一般劳动者和自己的尊重。每一项劳动都是生活有限性的一种情况，包括自己在内的每一位只要是以社会的方式存在着就不能避免进入这种情况。对于这种劳动结果价值的觉察构成了节俭作为一种生活习惯的一个前提。

为你支招

女孩，如何成为一个勤俭的人？

1.女孩要节约

女孩要知道节约就是从小事中看出的，不浪费一点一点的劳动成果，不要因为少就不去节约，节约就是把很多细小汇聚成为一个巨大的财富。我们很小

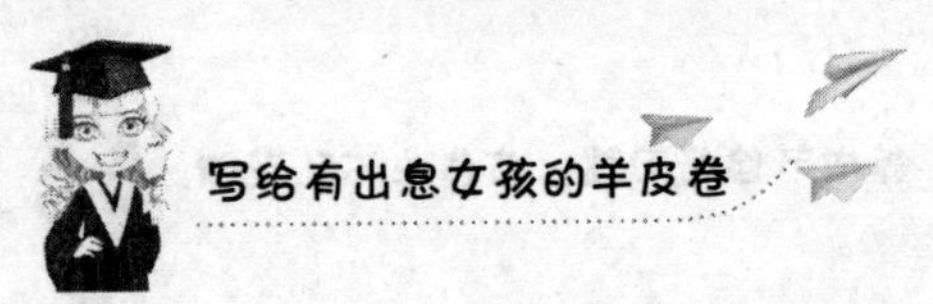

的时候父母就告诉我们要知道节俭，不可以浪费，粮食都是农民伯伯的汗水换来的，我们在生活中要让节俭成为一种习惯，严格要求自己。

2.女孩不要浪费

女孩不要有浪费的习惯，生活水平的提高，很多女孩会有很多不好的习惯，例如花钱如流水、零食不对口味吃了一口就扔掉了、与同学之间的攀比等。这些都是浪费的习惯，盲目的消费，都是不好的事情。我们要体谅父母，为父母分担自己力所能及的事情，珍惜父母的劳动成果，培养自己的节俭习惯，不乱花钱，不乱扔东西，要懂得幸福生活的来之不易。珍惜眼前的一切，不要等失去才知道后悔，让节俭成为女孩美好的品质。

3.女孩要花销有度

女孩在生活中的花费是多种多样的，女孩在上学的阶段不需要化妆品这一类的消费物品，要勤俭节约来约束自己，不要养成大小姐的毛病，有计划有目的的花销才是合理的消费标准。不要看到什么就买什么，这就是浪费不知勤俭。父母为了我们辛苦的养家，我们不知道珍惜，还去浪费父母的心意，这都是可耻的。我们要体谅父母，养成不浪费勤俭的好习惯，要做体谅父母的小棉袄。

第10章
解决问题你能行，意外面前处变不惊

女孩在遇到困难的事情时不要临阵脱逃，要相信自己可以处理得好。冷静的分析事情的利害关系，不要惊慌失措，认真思考如何才能解决事情的最终问题。做一个勇敢的女孩，用智慧和冷静解决问题，成为一个独立自信、让人信服的女孩。

意外情况面前要冷静思考

写作关键词：冷静　思考

猎鹿的国家危机

很久以前，在印度喜马偕尔邦有两个相邻的王国，两个王国各有一位王子，一个叫拉姆，一个叫萨依姆。这两个家族积怨已久，几代人都是仇敌。两个王子也知道彼此家族的矛盾，虽然很少见面，也没发生什么矛盾，却一直在心里怀恨着对方。

一天，拉姆骑马到一座丛林中打猎，与同到这里打猎的萨依姆狭路相逢。为了争抢同时看到的一只鹿，两人在马背上拿着长矛打了起来。在争打中，萨依姆不小心从马背上掉了下来，他的长矛也脱手了。拉姆迅速地跳下马，把萨依姆压在身下，举起手里的长矛，对准他。

萨依姆毫不示弱，反而瞪着眼睛直视着拉姆大声叫骂起来。这激怒了拉姆，他气得满脸通红，手中的长矛都在颤抖着。可就在这时，萨依姆突然一个反扑抢下了拉姆的长矛。拉姆从萨依姆的身上挪开，他说："我们改天再打，你回家去吧。"随后转过身准备离开。

萨依姆从地上爬起来，翻身上马。看着拉姆渐渐远去的背影心里一阵后怕，当被拉姆压在身下的时候感觉离死亡是那么的近，自己把握住了脱离危险的最佳时机才逃脱了危险。如果自己被杀，两国之间也会发生不可估量的损失，会有更多的子民被杀，国家将陷入危难境地。现在想想也可能是因为自己的怒吼让拉姆冷静了下来，不然打破了两国之间的平衡就会产生不可估量的危机。

萨依姆渐渐平复了自己的心情，思绪快速地运转，这件事不能被别人知道。不然就会面临更多的事情，所以必须当作没有发生过。

女孩要知道，很多事情都会发生让人措手不及的时候，发生这种情况、唯一的解决办法就是冷静，只有冷静的思考才会想出解决的办法，冷静的头脑才会让人看清楚问题的本质，选择出最好的解决办法。故事中的两个王子都没有冷静地思考就做出了偏激的事情，这样就会发生不可逆转的悲惨事情，最后还是理智打破了危机。冷静才能看清本质，才会想到更好的解决办法，冷静是唯一的自救方式，让我们随时保持一个冷静清醒的头脑。

知识窗

马术：在历史上马与人类有非常亲密的关系，是人类的运输和交通工具。当时，马在欧洲是贵族的象征，骑马对欧洲人而言不但是一种艺术：最高极致、结合了骑师与马匹之间的调教，更是一门学问。这一项历史悠久而典雅的运动于1900年被夏季奥林匹克运动会正式列入比赛项目之一。

到了1912年，第五届斯德哥尔摩奥运会增加了个人和团体赛马、个人和团体军官式骑术以及盛装舞步个人骑术五个项目。现时，奥运的马术项目中包括了三日赛、盛装舞步和障碍赛三个项目，又分为个人和团体赛。马术在1900年的奥运会上首次亮相，接着出现在1912年的奥运会上。马术比赛包括三项赛事：障碍赛、花样骑术和综合全能马术赛（三日赛）。

为你支招

女孩，如何冷静地对待困难？

1.女孩要保持冷静的心态

女孩在处理事情上往往不能保持好的心态，会头脑发热地做出后悔莫及的事情，这是很不冷静的表现，改善这个问题就要保持好冷静的心态，内心狂躁就无法做出正确的决策。不要被愤怒影响，心态是影响决定的重要因素；不要急躁，愤怒是冷静的“死敌”。只有平复了内心的火热才可以冷静地思考问题，平静的心态才是女孩要具备的心理素质。

2.女孩要冷静地思考

一个女孩要有自立主观的思想才会成功，在平时的学习中要主动训练自己的思考能力，这样在遇到困难时就能够善于思考，把握时机处理好各种问题。冷静的思考就可以在一件事上想到很多办法，不同的方法不同的步骤让女孩拥有开阔的眼界和了解各种知识，在遇到各种问题时可以游刃有余地处理。

3.女孩要习惯冷静

女孩要保持冷静的习惯，只有冷静才会遇事不惊，养成冷静的习惯就会在各种负面因素影响下处理好对自己不利的事情。在生活中会发生很多意想不到的事情，只要冷静的思考，把握住事情的思路，就可以收获很大的成果。养成冷静的习惯是一生受益无穷的财富。

学会给危险以迎头痛击

写作关键词：母亲　饰品

礼物的危险

小雪和云云是好闺蜜，两个人从小一起长大，一起上幼儿园，一起上小学，在同一个班级是最好的朋友。两个人决定放学去逛街买礼物。放学清脆的铃声响起，校园顿时雀跃起来，小雪和云云手拉手有说有笑地走出校园往商场走去。

夜晚的商场很热闹，闪烁的霓虹灯光彩夺目，两人在商场逛了好久，一直挑选不到心仪的礼物，这是为了母亲节选的礼物，两个人都很用心地为自己的母亲挑选更好更合适的礼物。最后在一家饰品店买到了心仪的礼物，小雪给妈妈买了一个红色带花的发夹，云云给妈妈买了一条纱织丝巾，两个人都很开心，相伴回家，走出了商场外面已经很黑，路两边的灯光是唯一的亮点，路两旁的柳树枝叶摇曳，昏暗的影子张牙舞爪。

小雪在向云云述说着妈妈会如何喜欢自己的礼物，就在这时感觉后面传来一阵细小的脚步声，小雪用手拉了拉云云的手，云云也望向了小雪，两人装作不在意继续讨论着，只见一个黑影瞬间来到了小雪的身旁，云云马上往相反的方向跑去，黑影想去云云的方向追，可是被小雪拉住根本来不及在第一时间拦住云云。小雪告诉盗贼我没有钱了，我的钱刚刚买礼物都花光了，盗贼还是不相信就翻开小雪的包，小雪不急不慢地把包里面的东西一件一件拿出来。就在这时传来很多人的脚步声，盗贼听见拔腿就跑，但是警察叔叔两面夹击，轻松地就把盗贼抓住。在盗贼逃走的时候，云云扑到了小雪的身上，哇哇地哭了起来，小雪安慰道："云云我不是没事吗，我很好啊。"

原来小雪向云云示意的时候，就是无论盗贼先抓住了谁，另一个都要跑回去报警，不可以回头也不可以在盗贼的旁边呼救，小雪在与盗贼的交流中，在保证自己安全的同时故意拖延时间，等待云云的救援，两个小伙伴天衣无缝的配合不仅保护了自己的安全，更是让盗贼被绳之以法。

女孩在生活中也会有很多危险，这个时候就要冷静地想办法用智慧保护自己。危险的发生是没有预兆的，突然的情况虽然会让我们措手不及，但是只要头脑冷静，危机就会迎刃而解。女孩在遇到危险的时候一定要冷静思考可以让自己安全脱身的方法，保护自己才是最重要的，要善于运用公众的力量。

知识窗

女生防身工具：防身器材是指用于防身自卫的小型武器，不会对犯罪分子造成致命伤害，但可以使其短时间内丧失行动能力，从而避免其继续进行犯罪活动。可以天天轻便地习惯地带在身上，而不会感到不便或忘记。隐蔽性好，自然地和人巧妙结合，隐藏在身上。表面看上去不像武器。操作方便拿来就能用，作为冷武器而不用刻意去学。反应迅速，用时可以立刻拿出投入使用，不用拼装。

为你支招

女孩，如何冷静地对待困难？

1.女孩要保持警惕

女孩要增强自我的保护意识。要随时保持警惕，不可以让坏人有机可乘，与陌生人要保持距离，减少接触。当女孩发现有人不怀好意时，把你的拒绝态度表示得明确而坚定，让对方知道你对他的言行发出警告。若他一意孤行时，就要在公开场合或人多的环境中让坏人不能做出严重的事情。女孩不可以放松警惕，防人之心不可无，这句话就是说要随时保持警惕才可以更好地保护自己。

2.女孩要正当防卫

女孩在遇到危险时要会反击，正当的防卫是有效保护自己的方法之一。危险来临的时候要勇敢，不要恐惧，不要存在侥幸心理，这样就会给犯罪分子有机可乘的机会。夜晚路上人少，比较偏僻的路就要保持警惕，时刻观察四周，最好可以带上防身工具，遇到危险的人可以应急使用。求助也是一种好方法，对周围的人呼喊，也可以对坏人产生恐吓作用，女孩必须保护好自己的安全。

3.女孩要用正义维护自己的权益

女孩在遇到危险的时候可以求助身旁的人民群众和警方力量保护自己，寻求对自己最大程度的保护。依靠外界因素、各种措施行使自己的权利不让危险发生在自己身上。危险来临的时候，首要选择就是保护好自己然后再考虑其他因素，破财消灾也是一种办法，钱财乃身外之物，没有了还可以再有，不要让自己受到伤害，否则就得不偿失。

突发情况面前要机智

写作关键词：冷静　水缸

大危机也可以简单解决

有一次，司马光跟小伙伴们在后院里玩耍，捉迷藏。院子里有一口大水缸，有个小孩爬到缸沿上玩，一不小心，掉到缸里。缸大水深，眼看那孩子快要没顶了。别的孩子们一见出了事，吓得边哭边喊，跑到外面向大人求救。司马光想了想，急中生智，从地上捡起一块大石头，使劲向水缸砸去，“砰！”水缸破了，缸里的水流了出来，里面被淹在水里的小孩也得救了。小小的司马光遇事沉着冷静，从小就是一副小大人模样。

一个好的售货员最重要的就是机智与反应了。有一位客人到一间超市买东西，站在货架前东选西挑就是找不到想要的。一名售货员便走上前询问：“先生，有什么需要我帮忙的吗？”“嗯，”那人说道，“我想买半棵高丽菜，行吗？”

“真是非常抱歉，本店只能卖整棵的。”

没想道对方僵持不下，坚持要半棵高丽菜，售货员没办法只好询问经理。

“经理，外面有一个混蛋偏偏要买半棵高丽菜！”没想到，一转头，那顾客就跟在门后，售货员脑筋很快，“咳，而这一位先生呢，想买另外半棵！”事情过后，经理觉得此人反应不错，便想调他去凤凰城分公司当主管。售货员听到了立刻不以为然，非常不高兴地说道：“拜托！凤凰城那种地方只有妓女和曲棍球球员才会住在那！”经理立刻脸色大变，“是喔，真不巧！我老婆住在凤凰城已经两年了！”售货员一听立刻转道：“嗯，那，你老婆是打哪一个位置？”

女孩要学会在危机的紧急情况下做出应急的解决方式。危险来临时冷静地思考，危机就会迎刃而解。在周总理的故事里对国家的影响尤为重要，仅仅几句巧妙的语言就应对了两国之间的矛盾，这些都可以说明化解危机只要用智慧就可以解决。女孩要培养自己遇事处理的方式，用机智的头脑达到自己的目的。

知识窗

司马光（1019—1086），字君实，号迂叟，汉族，陕州夏县（今山西夏县）涑水乡人，世称涑水先生。北宋政治家、史学家、文学家。历仕仁宗、英宗、神宗、哲宗四朝，卒赠太师、温国公，谥文正，为人温良谦恭、刚正不阿；做事用功，刻苦勤奋。以“日力不足，继之以夜”自诩，其人格堪称儒学教化下的典范，历来受人景仰。

为你支招

女孩，如何机智的解决问题?

1.女孩要有智慧

女孩要有智慧，才会成为一个处事有度的人，遇到困难才会迎刃而解。永远不要忘记进修学问，拓阔胸襟。人生所有烦恼都会不多不少追随，只不过学识涵养可以使一个人更加理智冷静地分析处理这些难题而已。有了学识才会拥有开阔的视野，丰富自己的知识才会提高处事能力与思想理念。

2.女孩要有思想

女孩的思想决定能成为一个什么样的人，思想的核心会体现在诸多方面，素质、情商、心灵等，拥有这些就会很成功。思想不是凭空得到的，需要用知识丰富自己的人生价值，思想是一个人观念产生的结果。女孩做事的准则取决于对社会的看法和自己的思想，一切符合客观事实的思想都是正确的思想，它对客观事物的发展起促进作用；反之，则是错误的思想，它对客观事物的发展起阻碍作用。思想也是关系着一个人的行为方式和情感方法的重要体现。

随机应变，化险为夷

写作关键词：冷静　思考

虚实结合

有一天刘邦把韩信召进宫中闲谈，与韩信讨论各位将领才能的大小。刘邦问道："像我自己一样的能统帅多少士兵？"韩信说："陛下你只不过能统帅十万人。"刘邦说："那对你来说你能统帅多少呢？"韩信回答道："我统帅的士兵越多越好。"刘邦笑道："你统帅士兵越多越好，那为什么被我所控制？"韩信说："陛下不能统帅士兵，但善于带领将领，这就是韩信我之所以被陛下你所控制的原因了。并且陛下的能力是天生的，不是人们努力后所能达到的。"

韩信一时的骄傲得罪了刘邦，但很快妙语就抬高了刘邦的才能，避免了一场君臣间的尴尬。

春秋时期，楚国的令尹公子元，在他哥哥楚文王死了之后，非常想占有漂亮的嫂子文夫人。他用各种方法去讨好，文夫人却无动于衷。于是他想建立功业，显显自己的能耐，以此讨得文夫人的欢心。

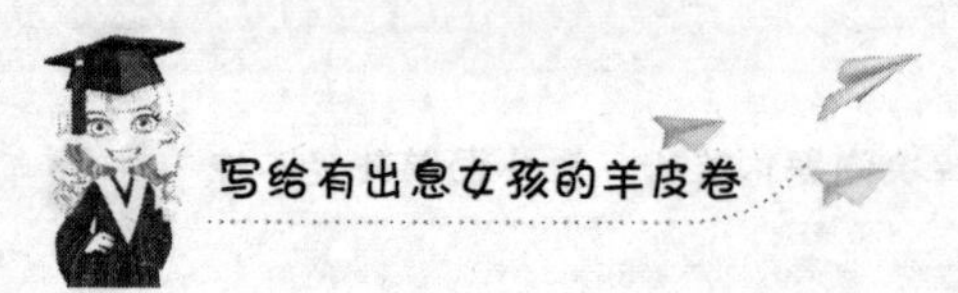

公元前666年，公子元亲率兵车六百乘，浩浩荡荡，攻打郑国。楚国大军一路连下几城，直逼郑国国都。郑国国力较弱，都城内更是兵力空虚，无法抵挡楚军的进犯。

郑国危在旦夕，群臣慌乱，有的主张纳款请和，有的主张拼一死战，有的主张固守待援。这几种主张都难解国之危。上卿叔詹说："请和与决战都非上策。固守待援，倒是可取的方案。郑国和齐国订有盟约，而今有难，齐国会出兵相助。只是空谈固守，恐怕也难守住。公子元伐郑，实际上是想邀功图名讨好文夫人。他一定急于求成，又特别害怕失败。我有一计，可退楚军。"

郑国按叔詹的计策，在城内做了安徘。命令士兵全部埋伏起来，不让敌人看见一兵一卒。令店铺照常开门，百姓往来如常，不准露一丝慌乱之色。大开城门，放下吊桥，摆出完全不设防的样子。

楚军先锋到达郑国都城城下，见此情景，心里起了怀疑，莫非城中有了埋伏，诱我中计？不敢妄动，于是等待公子元。公子元赶到城下，也觉得好生奇怪。他率众将到城外高地眺望，见城中确实空虚，但又隐隐约约看到了郑国的旌旗甲士。公子元认为其中有诈，不可贸然进攻，须先进城探听虚实，于是按兵不动。

这时，齐国接到郑国的求援信，已联合鲁、宋两国发兵救郑。公子元闻报，知道三国兵到，楚军定不能胜。好在也打了几个胜仗，还是赶快撤退为妙。他害怕撤退时郑国军队会出城追击，于是下令全军连夜撤走，人衔枚，马裹蹄，不出一点声响。所有营寨都不拆走，旗旗照旧飘扬。

第二天清晨，叔詹登城一望，说道："楚军已经撤走。"众人见敌营旗旗招展，不信已经撤军。叔詹说："如果营中有人，怎会有那样多的飞鸟盘旋上下呢？他也用空城计欺骗了我，急忙撤兵了。"这就是中国历史上第一个使用空城计的战例。

这是我国古代历史著名的故事，让女孩知道万事都可以解决。用智慧来改变危险的局势，随机应变就可以化险为夷。努力提高自己的应变能力，对保持健康的心理状况是很有帮助的。新时代的我们每个人每天都要面对比过去成倍增长的信息，要迅速地分析这些信息、把握时代脉搏、跟上时代潮流的关键，解决一切危机让自己快速成长。

知识窗

韩信（约公元前231年—公元前196年），汉族，淮阴（原江苏省淮阴县，今淮阴区）人，西汉开国功臣，中国历史上杰出的军事家，与萧何、张良并列为汉初三杰，与彭越、英布并称为汉初三大名将。

韩信是中国军事思想“谋战”派代表人物，被萧何誉为“国士无双”，刘邦评价曰：“战必胜，攻必取，吾不如韩信。”韩信是中国军事思想“谋战”派代表人物，被后人奉为“兵仙”“战神”。“王侯将相”韩信一人全任。“国士无双”“功高无二，略不世出”是楚汉之时人们对其的评价。他率军出陈仓、定三秦、擒魏、破代、灭赵、降燕、伐齐，直至垓下全歼楚军，无一败绩，天下莫敢与之相争；作为军事理论家，他与张良整理兵书，并著有兵法三篇 。

为你支招

女孩，如何冷静的对待困难？

1.女孩要理智

女孩必须保持理智，只有理智才会在处理事务上占领先机，辨别是非、利害关系以及控制自己行为的能力。理智是建立在聪明的基础之上的，但又比聪明更务实、更具体、更需要勇气和判断、辨别的能力。敏捷的思维，淡定的

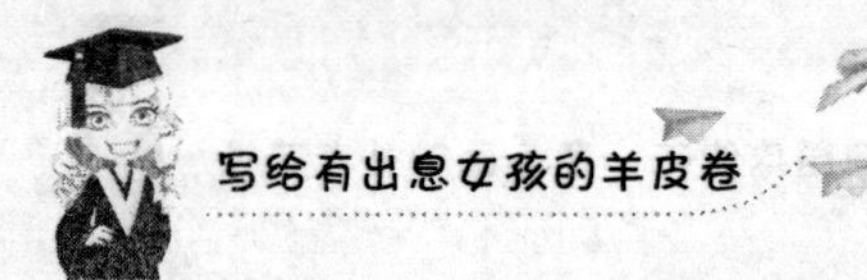

心，清醒的头脑，良好的自控能力都是女孩要做到的，这样就可以把人生中的事情处理好。

2.女孩要智慧

智慧是一个女孩的深度，要有清醒的认识，要有面对荣辱得失时安然接受的平常心；对自己要有客观的定位，理性与感性能够发展平衡。所以好好把握当下，能够豁达、坦然、投入地去做眼下的事，真诚、耐烦地对待眼前的人，就是很有智慧的人。认真做好每一件小事情，在小事情上面学习东西、总结经验，想想怎么做可以把事情做得更有效率，更加完美。

3.女孩要果断

女孩要有果断的处事能力，不要犹豫，否则会失去先机，机会不会等待，果断地做出对的决定，就会把握住机遇。权衡好事情的利与弊，这样才能决定做还是不做。不畏惧困难，但是不要鲁莽，全方面考虑需要涉及到的所有问题，胆大心细，做事果断才会成功。

拒绝是一门艺术

写作关键词：冷静 思考

离开保护会更强

在战国时期，苏秦和张仪都是鬼谷子的学生。苏秦和张仪选的专业都不是热门的儒家、法家等专业，而是一门比较偏僻的专业—纵横学，因为他们明白在战乱年代，纵横学才是最适用也是最好就业的一份工作。

苏秦很快就学成出师了，在经过几年的努力后，苏秦以一己之力促成了六国合纵，达到了职业巅峰的苏秦配六国相印，叱咤风云，而纵横学也成了当时的热门专业。就在苏秦达到职业巅峰的时候，这时候张仪也从鬼谷子那儿毕业了。刚毕业的张仪开始找工作了，由于经验不足因此找了很久依然没有找到一份适合的工作，毕竟谁也不放心把一个国家的未来交给一个初出茅庐的年轻人。张仪很自然地就想到了已经名满天下的师兄苏秦。

张仪很快就来投靠苏秦，张仪想苏秦肯定会看在师傅鬼谷子的面上给自己安排一份相当不错的工作。可是让张仪没有想到的是苏秦却对自己很是冷淡，不要说是安排工作，就连面都没有见到。到苏秦府上的张仪，苏秦只是让管家把张仪和下人安排在一起。

张仪刚开始的时候想，也许苏秦是有别的用意，也许是在考验自己，于是张仪就坚持了下来。可是让张仪没有想到的是在一次宴席上，张仪第一次见到了苏秦，可是张仪却被安排在了最后面，只能远远地看着苏秦。

就在这次宴席正进行到一半的时候，一位宾客突然大叫起来，原来他随身佩戴的一块玉佩突然不见了，而这位宾客就坐在张仪的旁边，于是所有的人都把目光聚集在了张仪的身上。张仪百口莫辩，而下人并不知道张仪是苏秦的师弟，于是很快张仪就被捆绑起来，暴揍一顿。

张仪躺在柴房中养伤的时候，苏秦派人传过话来说道：像张仪这样有才华的人，却沦落到要靠朋友来举荐才能有一份工作，那么他宁肯不去举荐他，而且他也不会再收留张仪了。张仪对此很是愤怒，没有想到苏秦对自己是如此的无情，张仪发誓一定要让苏秦为此付出代价，于是张仪在苏秦一个门人的帮助下来到了秦国。

由于当时六国的合纵让秦国很是忌惮，而张仪的到来则让秦惠文君很是高兴，尤其张仪的破解六国合纵的连横大计更是让秦惠文君喜出望外，张仪很快就得到了秦惠文君的重用。果然经过秦惠文君和张仪的努力，在十几年后，苏秦苦心经营的六国合纵都被秦国瓦解了。

这时候的张仪很是得意，他终于报了多年以前的仇，可是让张仪没有想到的是陪同他一起来的苏秦的门人告诉他，那时这一切都是苏秦有意为之，苏秦知道张仪的才能远远在他之上，所以他不希望张仪在他的庇护下而失去展示自己才能的机会，于是苏秦才在那么多人面前羞辱他，而被张仪视为奇耻大辱的那次玉佩事件也是苏秦安排的。但是苏秦并不是不帮助张仪，而是一直在默默地帮助他，陪同张仪前往秦国的那个门人就是苏秦特意安排的。

张仪这才恍然大悟，原来苏秦的拒绝才是对自己最好的尊重，如果没有苏

秦的拒绝，那么自己则永远不会有今天的成就。

女孩要知道拒绝别人不只是表面上冷酷，可能激发对方在磨难中变得更强，为了让人有更好的磨练所以拒绝帮助，也是另外一种帮助。在拒绝的同时给予对方另外一种帮助对方还是会感谢你，拒绝也是一种让人感谢的艺术。

知识窗

纵横家，《汉书·艺文志》列为“九流”之一。后因称凭辩才进行政治活动者为“纵横家”。纵横即合纵连横。他们朝秦暮楚，事无定主，反复无常，设第划谋多从主观的政治要求出发。合纵派的主要代表是公孙衍、苏秦，连横派的主要代表是张仪。 出自《资治通鉴·周显王三十六年》“ 张仪者， 魏人，与苏秦俱事鬼谷先生 ”。 胡三省 注引 汉 应劭 《风俗通》：“鬼谷先生 ，六国时纵横家知大局，善揣摩，通辩辞，会机变，全智勇，长谋略，能决断。无所不出，无所不入，无所不可：这里指游说开合有度、纵横自如。没有不可以去的地方，也没有什么不会成功的事情。

为你支招

女孩，如何拒绝别人？

1.女孩要懂得拒绝

女孩在被人求助时候，要看看自己有没有能力帮助别人，适当的拒绝对双方都好，不要强求帮助别人，这样对双方都好。在拒绝的时候看好事情是主要关系发展，如果改变事态的发展，给予朋友最好的帮助应尽力而为，为对方想另一种方法，对方还是会感激你，这是一种慈悲有智慧的拒绝。

2.女孩要委婉地拒绝

在被人要求帮助的时候，自己却没有帮助对方的能力时，女孩可以委婉地拒绝对方的要求。委婉地说明自己的状况和友好的态度让对方也会感动于你的诚恳。在不伤害朋友的前提下拒绝也是一种爱护对方的态度，会让朋友的情义更加长久。

3.女孩要用笑容拒绝

女孩在拒绝的时候要面带笑容，态度要庄重，让别人感受到你对他的尊重、礼貌，就算被拒绝了也会欣然接受。结合自己的状况然后用委婉的语言来告诉对方自己的状况，态度是很重要的，不要用偏激的情绪对待朋友，这样才会是真正的朋友。

第11章

女孩自信才美丽，笑傲人生有秘籍

自信的女孩才是最美丽的，用微笑来感染大家，用微笑来面对人生，让自己的人生更加精彩。自信是一个人必须拥有的，有了自信才可以做成自己想要做的事情，微笑是人与人之间最友好的表情，自信的微笑会给人带来好感，更会让自己获得快乐，做一个自信的快乐女孩。

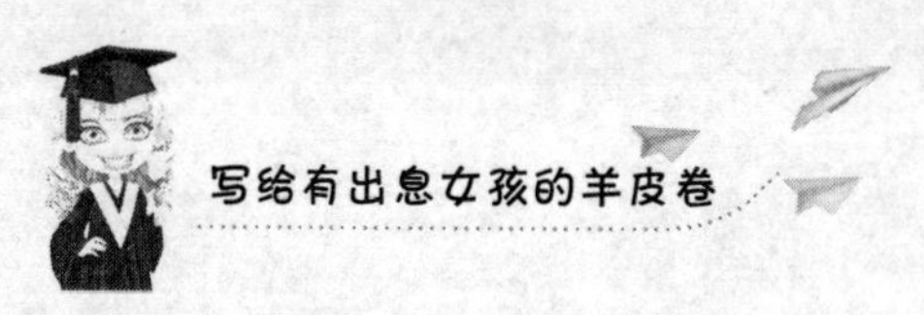

学会欣赏自己，并使自己充满自信

写作关键词：自信　快乐

相信自己的力量

美国总统尼克松，因为一个缺乏自信的错误而毁掉了自己的政治前程。1972年，尼克松竞选连任。由于他在第一任期内政绩斐然，所以大多数政治评论家都预测尼克松将以绝对优势获得胜利。

然而，尼克松本人却很不自信，他走不出过去几次失败的心理阴影，极度担心再次失败。在这种潜意识的驱使下，他鬼使神差地干出了后悔终生的蠢事。他指派手下的人潜入竞选对手总部的水门饭店，在对手的办公室里安装了窃听器。事发之后，他又连连阻止调查，推卸责任，在选举胜利后不久便被迫辞职。本来稳操胜券的尼克松，因缺乏自信而导致惨败。

小泽征尔是世界著名的交响乐指挥家。在一次世界优秀指挥家大赛的决赛中，他按照评委会给的乐谱指挥演奏，敏锐地发现了不和谐的声音。起初，他以为是乐队演奏出了错误，就停下来重新演奏，但还是不对。他觉得是乐谱有问题。这时，在场的作曲家和评委会的权威人士坚持说乐谱绝对没有问题，是

他错了。面对一大批音乐大师和权威人士，他思考再三，最后斩钉截铁地大声说：“不！一定是乐谱错了！”话音刚落，评委席上的评委们立即站起来，报以热烈的掌声，祝贺他大赛夺魁。

原来，这是评委们精心设计的“圈套”，以此来检验指挥家在发现乐谱错误并遭到权威人士“否定”的情况下，能否坚持自己的正确主张。前两位参加决赛的指挥家虽然也发现了错误，但终因随声附和权威们的意见而被淘汰。小泽征尔却因充满自信而摘取了世界指挥家大赛的桂冠。

女孩要知道相信自己就是自信的表现。自信是成功的必要条件，是成功的源泉。相信自己，是一种信念。自信是人对自身力量的一种确信，深信自己一定能做成某件事，实现所追求的目标。自信不能停留在想象上，要成为自信者，就要像自信者一样去行动。我们在生活中自信地讲了话，自信地做了事，我们的自信就能真正确立起来。面对社会环境，我们每一个自信的表情、自信的手势、自信的言语都能真正在心理培养起我们的信心。

知识窗

小泽征尔：除了担任波士顿交响乐团的终身指挥以外，还曾担任过世界上众多的交响乐团和歌剧院的客席指挥，其中包括柏林爱乐乐团、法国国家交响乐团、巴黎管弦乐团、新日本交响乐团和纽约大都会歌剧院等，另外，他还曾是萨尔茨堡音乐节和坦格伍德音乐节等世界著名音乐节上的主要特邀指挥和音乐指导。

为你支招

女孩，如何做到自信？

1.女孩要常常微笑

女孩的笑容是最美丽的表情，只要保持这自信的笑容就会给人带来美好的未来。每天清晨面对第一缕阳光的照射，对着阳光笑一笑就可以保持一天的好心情，对着路边反射的影像打理一下自己的妆容会让自己更加自信起来。只要保持着好心情就可以让自己更加自信起来，乐观的情绪会改变一天的学习状态，这样就会更加释放最好的自己，女孩要保持自信的笑容，让自己散发魅力。

2.女孩要常常宽容

女孩要对人宽容一些，不要斤斤计较，这样会让自己很累，也不会开心，更加不会给人带舒适的气息，这样就会使自己在与朋友相处中受到阻碍。保持良好的心态，会改善与人相处的模式。在生活中对别人宽容一些，就是对自己的宽容，做一个温和有礼的女孩。只要学会了宽容就意味着成长，人生就会更加幸福。

3.女孩要常常乐观

女孩只有保持乐观的心态才会开心，做事情的时候才会更加顺利。积极的面对生活中的困难，乐观的心态就会让困难迎刃而解。乐观的心态也会感染到身边的朋友，会给对方带来快乐，摆脱忧愁和困苦。女孩在学习中遇到困难也要乐观地对待，保持一个良好的心态就可以快速学会需要的知识，减少生活中的烦恼。

永远相信自己是最优秀的女孩

写作关键词：自信 快乐

美丽的蝴蝶结

每个女孩都有爱美之心，雯雯也不例外。但走在人前，雯雯却总是低着自己的头，因为她一直觉得自己是只丑小鸭，长得不够漂亮，也不够可爱。渐渐地，她不愿意让自己成为大家关注的焦点，也一直躲避着别人的目光。

雯雯平时最喜欢逛街，尤其喜欢逛那些店面不大却很特别的饰物店。虽然那些晶莹美丽的物品并不属于她，但每一次发现她所钟爱的饰品，都会令雯雯流连忘返、爱不释手。

有一天，雯雯在饰物店里发现了一个绿色蝴蝶结，第一眼看到那个蝴蝶结她就觉得这是属于她的东西，好似命中注定一般。于是她鼓起勇气，小心地把它戴在头上。店主在不断地赞美雯雯：“你戴上蝴蝶结可真漂亮！”最终雯雯买下了那个绿色的蝴蝶结，在走出饰物店的那一刻，雯雯不由地昂起了头。

雯雯太急于想看到自己戴上那蝴蝶结的样子了，走出店门时与人撞了一下都没有在意。她快步地走在学校的长廊里，寻找着可以映出自己身影的反光面，却迎面碰上了她的老师。老师叫住了雯雯，并惊喜地说道：“雯雯，你昂起头来真美！”老师爱抚地拍拍她的肩，雯雯却羞涩地回避着老师赞美的目光。

那一天，她得到了许多人的赞美，同学赞美她落落大方，朋友赞美她气质优雅，姐姐赞美她美丽可爱，这些赞美也让雯雯高高地昂起头。她想：“这一定是那美丽的蝴蝶结的功劳！看来直觉是正确的，那绿色的蝴蝶结确实很适合我！”雯雯边陶醉于大家的赞美中，边向前飞舞着，就像一只快乐的蝴蝶。她更加急切了，想看到自己美丽的样子。然而当雯雯激动地站在一面镜子前时，她却傻傻地定在了那里，惊愕地盯着镜子中的自己。雯雯的头上根本就没有那个绿色的蝴蝶结！“一定是走出饰物店与人相撞时给碰掉了！”她仔细地回想着。雯雯终于明白了赞美的来由。昂起头来原本就是一种美丽，而很多人却因为太在意外表而失去很多快乐。

女孩要有自信，不吝啬展现自己的笑容就会获得别人的称赞，用自己的优势来帮助别人，自己也会更加自信，只要有了自信就可以成功。把头抬起来，用笑容征服困难，用自信放飞梦想。

知识窗

蝴蝶结：又可以称同心结，外形酷似蝴蝶，制作材质也是不尽相同，形状大小不一，但外形美观大方，其打法有很多种，体现了我国古代的文化信仰及浓郁的宗教色彩，体现着人们追求真善美的良好愿望。在佩玉上装饰一个“如意结”，引申为称心如意，万事如意。在扇子上装饰一个“吉祥结”，代表大吉大利，吉人天相，祥瑞美好。在剑柄上装饰一个“法轮结”，有如轮黑心行，弃恶扬善之意。

为你支招

女孩，如何让自己更自信？

1.女孩要多交朋友

女孩要多交对自己有益处的朋友，与朋友相处会让自己更健谈，懂得为人处世的方法，让自己更自信。真诚的帮助朋友会让自己更快乐，会更加开朗，积极的态度也会向朋友传达友情的珍贵，让其对生活充满信心。交到好朋友就会在以后的生活中得到更多帮助、更多快乐，女孩一定要多交对自己有益处的好朋友，为更加自信起来加油。

2.女孩要多读书

女孩要多读书，使自己多一些内涵，改正自己的缺点，让自己成为一个气质优雅的人。只有多读书才会丰富自己的学识，领悟书中的道理，不虚荣、不愚昧，成为一个有内涵的女孩。读书会让一个人的世界观变得更广阔，在书中会有更多的精神食粮，让书中的经验为自己所用，就会提高自己的内涵。让知识丰富自己，做一个爱读书的女孩。

3.女孩要不自卑

女孩不要自卑，要多一些自信，勇于做自己“恐惧”的事，多展现自己的优点，自信起来才会让自己有所改变，不要用自己的缺点和别人的优点做比较，这样就会很累，勇于把优点展现出来才会让更多的人了解自己，建立起自己的自信也就不会自卑，勇于相信自己的力量就会取得成功。

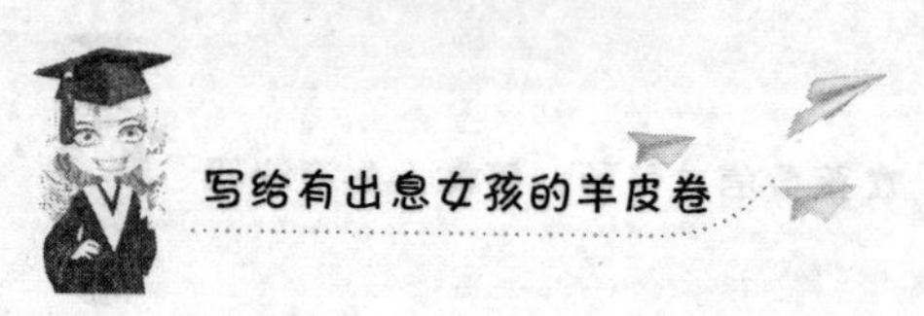

相信自己可以，便会攻无不克

写作关键词：坚定　演讲

坚持自己的想法

有一位年轻人在大学里上学，有一天他忽然发现，大学的教育制度有许多弊端，便马上向校长提出。他的意见没被采纳，于是他决定自己办一所大学，自己当校长来消除这些弊端。办学校至少需要100万美元。上哪儿去找这么多钱？等毕业后去挣，那太遥远了。于是，他每天都在寝室内苦思冥想如何才能有100万美元。同学们都认为他有神经病，做梦天上掉下钱来。但年轻人不以为然，他坚信自己可以筹到这笔钱。

终于有一天，他想到一个办法。他打电话到报社，说他准备明天举行一个演讲会，题目叫《如果我有100万美元怎么办》。第二天他的演讲吸引了许多商界人士参加，面对台下诸多成功人士，他在台上全心全意、发自内心地说出了自己的构想。

演讲完毕，一个叫菲利普·亚默的商人站起来，说："小伙子，你讲得非常好。决定给你100万，就照你说的办。"就这样，年轻人用这笔钱办了亚默理

工学院，也就是现在美国伊利诺理工大学。这个年轻人就是后来备受人们爱戴的哲学家、教育家冈索勒斯。

“一切皆有可能”，想取得成功，首先要有这份自信。但同时，还要付诸行动。试想，这个年轻人如何能仅在一次演讲会上就能征服久经沙场的商业精英菲利普·亚默呢？女孩也要学习菲利普·亚默的这种气量，相信自己就可以达到预想的目的。只要付出实际的努力，就会把握住机会，机会永远只留给有准备的人，不仅是思想上的准备，更是行动上的准备。女孩要相信自己可以做到，就会成功。

知识窗

美国伊利诺理工大学（IIT），始创于1890年，经百年发展早已成为一所实力雄厚的具有授予博士学位资格的综合性私立大学，一直以来，被USNEWS 和Princeton Review 推举荣居全美高校百强之列。学校培养的毕业生成为公司总裁、副总裁或经理人数比例位居全美前15位。学校坐落于芝加哥市区，校园环境优雅，设施先进，荣登Forbes 评选全美最先进教学环境校园第六名。

为你支招

女孩，如何冷静地对待困难？

1.女孩激发自己的潜力

女孩要相信自己的潜力，一个人只要有决心做好一件事情，就会激发不可想象的潜力，这是毋庸置疑的，科学家研究表明人的大脑可以将全世界图书馆的图书信息都装进去，所以不要质疑自己的潜力，潜力是无限的，有目标就可以走上人生的巅峰。女孩一定要相信自己的潜力，只要激发出自己的潜力就可以完成自己的梦想。

2.女孩要振作起来

女孩在一生中遇到很多事情，受到伤害的时候一定要振作起来，不要放弃也不要失去自信，振作精神，整顿士气重新开始，就会成功。处在绝望的处境时，不要悲伤，重拾勇气就会成功，发挥自己的潜力努力完成目标。在遇到困难的时候可能只要再坚持一下就会成功，不要被困难迷住了双眼，停止前进的脚步，只要振作就可以成功。

3.女孩要相信自己

女孩要相信自己，对自己有信心才会做好自己想做的事情。不要半途而废，勇敢地去承担自己的责任才会成功。每一个人都是独一无二的，不要被别人的想法左右了自己的观点，坚定自己的想法并且为了实现而努力，相信自己的力量很重要，只要拥有必胜的决心就一定会成功。

摆脱自卑，做自己想做的人

写作关键词：自卑　勇敢

在磨练中成长

中央电视台著名节目主持人白岩松，年轻时曾非常自卑。他从一个北方小镇考进了北京的大学，上学的第一天，他邻桌的女同学第一句话就问他：“你从哪里来？”而这个问题正是他最忌讳的，因为在他的逻辑里，出生于小城市，就意味着没见过世面。就因为这个女同学的问话，使他一个学期都不敢和女同学说话！很长一段时间，自卑的阴影一直占据着他的心灵。每次照相，他都要下意识地戴上一个大墨镜，以掩饰自己心里的自卑。

同样是中央电视台著名节目主持人张越，当年也曾为自己的肥胖而自卑。20年前，她在北京上大学，几乎每天都在自卑中度过。她疑心同学会在暗地里嘲笑她肥胖的样子，因此不敢穿裙子，不敢上体育课。大学毕业时，她差点领不到毕业证，不是因为功课，而是因为她不敢参加体育长跑测试！老师说：“只要你跑了，不管多慢，都算你及格。”可她就是不跑。因为恐惧，恐惧自己肥胖的身体跑起步来一定非常愚笨。可是她连对老师解释的勇气都没有。

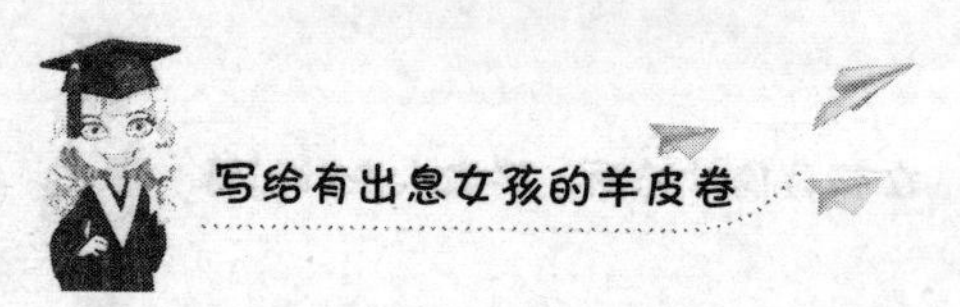

著名歌星王菲说，她也曾自卑过很多年。因为她觉得自己不聪明，18岁时勉强考上福建一个很不出名的大学，又没有去上，到现在也没有一个正经学历；她觉得自己没有毅力，减肥通常不超过一周就要打退堂鼓，明知抽烟不好，却总也戒不掉；她觉得自己不擅长交际，尤其不会讲话，所以一见记者就着急，不善于和媒体沟通，老给人家一个耍大牌的感觉……

德国天才哲学家尼采，出生于勒肯的一个牧师之家，自幼性情孤僻，而且多愁善感，又矮又瘦，纤弱的身体使他总是有一种自卑感。他曾追求过一个美丽的姑娘，但因为太笨拙，没有成功，这使他更加自卑。因此，他一生都是在用追寻一种强有力的人生哲学来弥补自己内心深处的自卑。

但是，后来他们都成功了。白岩松、张越成了中央电视台著名节目主持人，经常对着全国几亿电视观众侃侃而谈。特别是张越，还是第一个完全靠才气，丝毫没有凭借外貌走进中央电视台的主持人；王菲如今被称为歌坛天后，拥有无数粉丝，演戏唱歌都很成功，所到之处万人空巷；尼采成了著名哲学家，“超人哲学”的奠基者，他打破了以往哲学演变的逻辑秩序，凭的是自己的灵感来做出独到的理解，写了许多文笔优美、寓意深刻的著作，并大胆宣称：上帝死了！至于毛泽东的历史功劳和地位，早已彪炳史册，自然不必赘言。

每一个遇到困难的时候没有怨天尤人，没有自暴自弃，而是超越了自卑，战胜了自卑的人，他们因为自卑而产生的动力会使他们比别人更努力，付出更多。所以，自卑并不可怕，可怕的是永远沉溺其中，只有摆脱自卑，相信自己才可以成功。

为你支招

女孩，如何不自卑？

1.女孩要正视自己

女孩在生活中要昂首挺胸快步行走，这样就会表现得更加自信而阳光，在形象上让自己更加突出，有存在感，不易被人忽视，多交朋友，多参加集体活动都可以让自己更加自信。明亮的眼睛是心灵的窗口，把眼睛漏出来与人直视会让对方牢记不易忘掉。这些都是正视自己的表现，做一个出色的女孩。

2.女孩要积极鼓励自己

女孩要常常鼓励自己，不要有消极的心态，这样会给身边的人带来反感。在班级上积极配合老师的教学，上课积极回答问题，与班集体融为一体，增强班级荣誉感，为班级做贡献，积极鼓励自己“我能行”，保持这样开朗乐观心态就可以更加自信。

3.女孩要关注自己的优点

女孩不要自卑，要展现自己的优点，过多的谦虚不会让人进步反而会让人失去自信。展现自己的优点，主动与人交流，才会有更进一步的成长。每一个人身上都有闪光点，这是不可复制的，只要把这个闪光点放大就会给身边的人带来快乐。全面地认识自己，看到自己的长处，还要看到自己不如别人的地方，不断改变自己才会成长得更优秀。

第12章

女孩要有感恩的心，做带给大家光明的天使

女孩要懂得感恩，感恩父母对我们无私的爱，也要感恩世界的美好，让我们怀着感恩的心对待世界，让我们的生活充满温暖的爱。胸怀感恩的心才会懂得爱自己、爱别人，也才能长久地感受到来自他人的爱，享受快乐，享受幸福的人生。

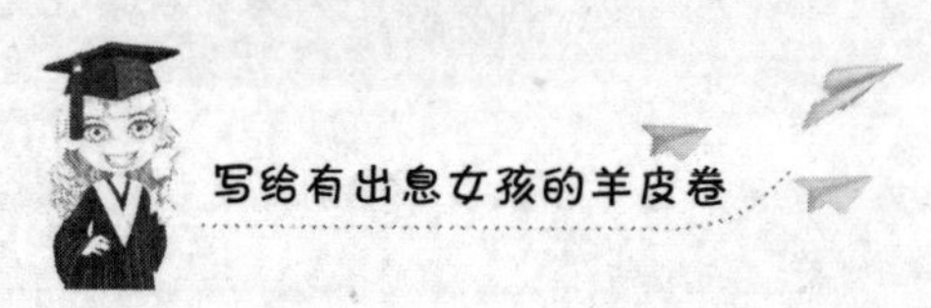

生活总有磨难，感谢折磨你的人

写作关键词：毅力　信念

另一种朋友

小芳是一个平凡的女孩，在班级上常常被忽略，是一个存在感很低的人，与小芳同桌的丽丽却是一个学习成绩优秀而张扬的女孩。老师常常把小芳与丽丽比较，说："就不能向你同桌学学，人家成绩那么优秀，你却什么也不会。"丽丽盛气凌人地望着小芳："这么简单都不会做，还真是笨得可以。"小芳很羞愧地低下了头。

为了不让丽丽瞧不起，小芳开始练习自己不会的知识点，课下在别人都出去玩的时候，小芳在位子上努力地练题。丽丽看到后打击小芳说："别写了，都不会写什么？""就是因为不会才写，会就不写了。"丽丽用惊讶的眼神看着小芳，心想：一向懦弱的人还懂得反击了。从那以后小芳常常去向老师请教问题，丽丽就会用一种蔑视的眼光看着小芳："什么都要问老师，你还会什么？"小芳没有气馁，依旧做自己不会的题，不懂的也会去问老师，渐渐地成绩有些提高了，还是继续刻苦学习。

考试的来临使班上的同学更为紧张。大家都在为考试做准备，小芳还是和平常一样做自己的事，考试结束发放试卷，所有同学的试卷都发下来了，只有小芳的试卷迟迟没有发下来，老师高举着几张试卷来到小芳面前："这是班级第一名的试卷，让我们为她鼓掌。"丽丽张大了嘴不敢相信，心里想到，小芳平时做的题都是自己会的呀，也没有什么特殊怎么会得第一名。其实小芳不仅是多做题，还举一反三地剖析学习内容，不会的就与老师讨论。

小芳得了第一名之后，丽丽再也不敢小看小芳了。小芳的成功是靠自己努力奋斗得来的，克服了各种外界因素，极大的心理压力促使小芳坚韧性格的不断成长，最终获得了成功。生活中会出现很多这种磨练心智的人，我们要正确看待并且努力改变自己，使自己变得强大。老师的批评，丽丽的讥讽都令小芳难过，但试想如果没有老师的责骂、丽丽的讥讽，也许小芳会因一些不良习惯而影响终生；正是因为老师的批评、丽丽的讥讽嘲笑才使小芳变得更加坚强，所有这些困境就是成功的基石。生活中总会有很多磨难，只要我们克服困难就会成功。

知识窗

做题的方法

女孩的数学一般都不太好，这就要求要有正确学习数学的方法。拿到一个数学问题最好的方法是将题目的已知条件列出来，然后在条件下边列出需要求解的问题。不要都在脑子里思考，写出来是最直观的，便于你思考和解决问题。见到题目，列出已知后，思考下这道题的知识点是什么，考核这类知识点，一般怎么入手，这是你总结的结果，从这类题目方法入手思考，看已知条件是否可以直接得出结论，如果不能利用已知条件，怎么样求出未知条件再去解题。这告诉了女孩如何用最简便的思维方法答题。

为你支招

女孩，如何在讥讽中成长？

1.做到坦然面对迎难而上

女孩在面对讥讽的时候一定要坚强，只有坚强地面对，才会激励自己不断进取，不断奋发向上。把嘲笑当成动力，让自己变得更强，用成功的辉煌给对手致命的一击。这样别人就不敢嘲笑你而只能仰望成功的你。

2.在挫折的逆境中重生

女孩在挫折中不要失去自信，走相反的道路只会让你一去不返。古人说过："天将降大任于斯人也，必先苦其心志，劳其筋骨，饿其体肤，行拂乱其所为，所以动心忍性，增益其所不能。"只有在逆境中磨练心志，才会在人生的道路上获得成功。

3.在讥讽中学会感谢

女孩在想要逃避的时候，讥讽可能会给你奋斗的勇气。要敢于正视自己，面对困境不逃避不退缩，把讥讽作为成功的翅膀，带着你飞翔在人生的山峰。

女孩是父母贴心的小棉袄

写作关键词：孝心　亲情

孝　心

在中国五千年的历史中流传着“百善孝为先”的谚语，孝敬父母在中华传统美德中排在首位，古有花木兰替父从军，今有孟佩杰赡养养母。父母伴随着我们的成长渐渐老去，父母给予的爱我们必须要用感恩的心予以回报。

孟佩杰是一个平凡的女孩却做着不平凡的事情，孟佩杰的孝心感动了整个中国，她曾获得“2011感动中国人物”的称号。孟佩杰5岁时父亲被车祸夺去生命，她被母亲送到养母家，8岁照顾瘫痪的养母，17岁背养母上大学，在这期间孟佩杰从来没有抱怨，没有悲伤，日复一日照料瘫痪的养母。在一天的生活中养母的生活起居是耗时最长的“必修课”，另一项必做的功课是帮助养母做康复训练。每天要帮养母做240个仰卧起坐、拉腿200次、捏腿三十分钟等一系列程序。孟佩杰不仅要照顾瘫痪的养母还要兼顾学业，她对待生活的乐观态度感染了患病的养母，让养母更加快乐地活着，享受着母女情深的幸福。

孟佩杰是一个善良的女孩，就是这样一个平凡的女孩却做着不平凡的事，

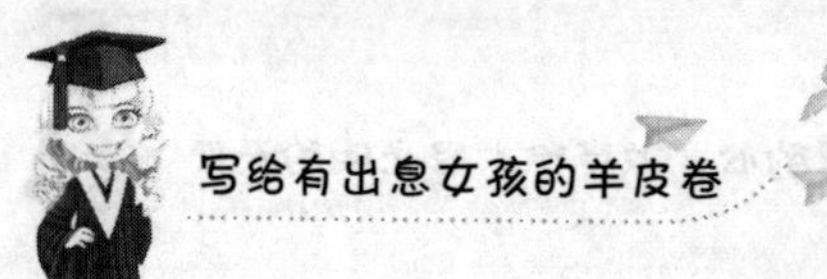

就这样陪伴养母一路走来，她的孝心与坚强都是我们要学习的，养母是她唯一的亲人更是她前进的动力，生活的目标，她是中国最美的女孩。

知识窗

女孩要保护手部肌肤

手部肌肤长了很多老化角质，从而影响手部肌肤吸收护手霜的营养，还会影响新生角质的生长，破坏肌肤的保湿和吸收水分的能力。选择含有乙醇酸和水杨酸成分的，轻轻地按摩手部，搓掉老化角质，均匀肌肤肤色，在去完角质后一定要涂抹上护手霜，帮助手部肌肤补充水分。

为你支招

女孩，如何让父母体会小棉袄的爱？

1.女孩子要具有温暖的爱心

温柔是女孩的特质，冷酷自私的人学不会它。温柔会给人如沐春风的感觉，它会自然地流露，温柔是善良是体谅，女孩子要学会关怀别人，不要和别人争执不休，那样会降低自身的素质。放弃你咄咄逼人的攻势而给人留下余地，温柔的女孩才会被更多的人喜爱，会使你的心更加放松，更好地做美丽善良的女孩。

2.女孩的包容与理解

一个女孩要学会包容别人的错误，要用宽容的心包容对方，不要斤斤计较，得理不饶人，适当的理解就是最大的宽容，这样会提高自身的魅力。拥有包容他人的心也是一种财富，要学会做有内涵的女孩。

3.女孩要懂得尊敬父母

都说女孩是父母的贴心小棉袄。女孩要懂得体谅父母，做孝顺的好女儿，就算工作很忙也要抽出适当的时间关怀一下父母，常回家看看，为父母做些事情，让他们多笑笑。父母养育我们这么多年有太多的不容易，不要为难父母，要常为他们着想，做一个懂得爱父母的贴心小棉袄。

你敬人一尺，人敬你一丈

写作关键词：尊敬　亲情

值得尊敬的人

尊敬他人就是尊敬自己。不要因为身份的差距就鄙夷对方，要正确地看待自己也要尊敬他人。下面几个故事让我明白了“尊重”这个词的分量，人人都需要平等的尊敬。

一个乞丐在路边乞讨。一个商人在街上散步，这时他看见街道旁有一个乞丐，商人很有优越感，为了展示自己的富有，让别人都尊重他，他就往乞丐碗里扔了一个大元宝，可是乞丐看都没有看他，商人高傲地问乞丐：“你怎么不感谢我？”乞丐说：“给不给是你的事，我为什么要感谢你呢？”后来商人不管给乞丐多少大元宝，乞丐都没有感谢他。

一位作家在街上散步，边走边思考自己的事情，突然一个乞丐拉住作家的裤腿并向他乞讨，作家对乞丐说：对不起兄弟，我今天忘带钱和吃的了。乞丐说：“你已经给我比钱和食物更重要的东西了。”作家问：“为什么？”乞丐说：“我本来想吃点东西就去自杀，结果你叫我兄弟，给了我活下去的信

心。”

一天，一位富商在路边散步，他看到一个摆地摊的人，觉得他很可怜，于是富商给了他8美元，并对他说：“你跟我一样都是商人。”两年后那个人成为了一位富商。摆地摊的人再遇到那位富商时，摆地摊人说：“正是您的那句话，才让我有了今天的业绩。”

每个人都有自尊，只有你尊重别人，别人才会尊重你。人人都是平等的，无论身份地位、工作高低、这些都不能成为不尊重别人的理由。要懂得尊重别人的感受，每个人都有自尊心，我们不要去伤害他人的自尊心，要学会尊重别人的感受，别人自然也会对你由衷敬佩。如果每一个人都懂得尊重别人，那么世界就会更美好。

知识窗

女孩子怎么保养?

女孩节食，只吃青菜水果，怕长脂肪不敢吃红肉，而青菜水果性寒凉的居多。其实，红肉是女性的恩物，尤其是牛肉和羊肉，都含有大量的铁质，可以有效地避免贫血。贫血的女孩脸色苍白，吃红肉有助于身体健康。

为你支招

女孩，如何尊重别人?

1.女孩要懂得自尊

女孩要懂得自尊，要在学习进步中不断地完善自己，赢得别人的尊重。女孩在生活中自信的饱满精神会给人眼前一亮的感觉，这样就会为自己加分无论做什么事都会事半功倍。做出色女孩，赢得别人尊重，人生就会更加闪亮，生活就会亮丽精彩。

2.女孩要注重内涵

一个女孩不止要注重外在的亮丽更要注重内涵。内涵使女孩有自己的思想，会自立、有主见、有智慧、见多识广、有自己的追求。做有内涵的女生就要善解人意、有好的性格、对给予帮助的人心怀感激。

3.女孩要自强

现在时代的不同要求女孩也要自强。要严厉地对待自己，做事情不要很随便，要认真对待，不要有“我是女孩，就要怎样”的想法，这样会给你带来烦恼，会更加被人厌恶，所以要正视自己的位置，不要去任性地胡作非为，要做自强的自己。

珍惜所拥有即是感恩

写作关键词：珍惜 食物

动物增肥记

美国的天堂动物园里，新来了一个喂河马的饲养员。老饲养员给他上的第一堂课，让他有点接受不了。听起来也确实有点离奇。老饲养员告诉他，不要喂河马过多的食物，不要怕它饿着，以免它长不大。新去的饲养员听了这话，十分纳闷。心想，世上怎么会有这种道理，为了让动物长大，而不要喂过多的食物。他没有听老饲养员的话，拼命地喂他的那只河马。在他喂养的河马跟前，到处都是食物。人们无不感到他的仁慈和善良。

但两个月后，他终于发现，他养的这只河马，真的没有长多大。而老饲养员不怎么喂的那一只，却长得飞快。他以为是两只河马自身的素质有差别。

老饲养员不说什么，跟他换着喂。不久，老饲养员的那只河马，又超过了他喂的河马。他大惑不解。

老饲养员这时才一语道破天机：你喂的那只河马，是太不缺食物，反而拿食物不当回事，根本不好好吃食，自然长不大。我的这一只，总是在食物缺乏

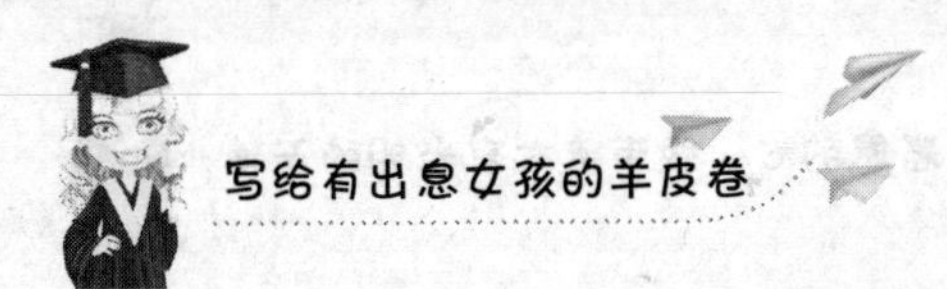

中过生活，因此，它十分懂得珍惜，是珍惜使它有所获得，有了健壮的身体。珍惜是一种正常的生命反应，甚至是一种促进，是生活中的需要，而不是离奇的假说。

日本的一家动物园里，一个常年喂养猴子的人，不是将食物好好地摆在那儿，而是费尽心思，将食物放在一个树洞里，猴子很难吃到。正因为吃不到，猴子反而想尽了办法要去吃，猴子整天为吃而琢磨，后来终于学会了用树枝努力地去够，把东西从树洞里够出来。

别人都很奇怪，对养猴子的人说，你不该如此喂养猴子。

养猴子的人却说，这种食物是很不吊胃口的。平时，你给猴子摆在跟前，它连看都懒得看，也根本不会去吃。你只有用这种办法去喂它，让它很费劲地够着吃，它才会去吃。你越是让它够不着，它就越会努力去够。正因为猴子们得到它很难，在得到它时，才会珍惜。是珍惜使不好的东西变为了好的东西。

现在的女孩拥有很多，但是不知道珍惜，只有经历困难才得到的成果，不知道珍惜现在所拥有的幸福。要知道，困难与逆境也是人生的一部分，只要懂得珍惜，不断的奋发努力才会获得更多的益处，才能慢慢取得成功。

知识窗

河马的习性

河马是草食性动物，是两栖性的哺乳动物，擅长游泳与潜水，白天它们通常待在水里或是河边的草地及芦苇丛中活动及休息。晚上即到草地上觅食，为了寻找食物，它们可迁移数百公尺至数公里之远。河马在潜水的时候，会把鼻孔和耳朵关闭起来，避免水跑进去，它们一次通常在水里待3~5分钟，最长可以闭气长达30分钟。河马皮肤上有特殊的腺体，会分泌一种红色的液体，让人以为河马的汗是“血汗”，这些分泌物可保护河马的皮肤不过于干燥。

为你支招

女孩，如何学会珍惜？

1.女孩要珍惜现在

现在许多女孩子都不知道珍惜，觉得没有珍惜的必要，这是错误的想法。只有改变自己的想法才会成长起来。所以我们必须用教育改变现状，让孩子学会在细小中发现我们要珍惜的事或人。父母对我们创造出了良好的条件，我们一定要珍惜现在的生活。

2.女孩要懂得追求

女孩要有自己的追求，懂得如何去追求自己想要的东西。正像故事里面写的一样，正因为得不到才会更加珍惜。在奋斗中成长，学会在追求中变得更加成熟，也可以体现自己的价值。追求自己的理想目标，珍惜过程的美好，这会让自己的一生受益无穷。

3.女孩要学会奋斗

一旦拥有珍惜的事物，就会让人生的价值观发生一分改变，心里也就多了一束阳光，潜力就会发挥到极致。要迎接挑战，奋斗前行，直面生活中的试炼，一切困惑和不开心的事情都会变成海阔天空，一定能给你的人生增添一分绚丽的色彩。

第13章

智慧女孩眼光好，有时候选择比努力更重要

人生中有很多条路可以选择，当你选择一条不喜欢、不适合自己并且没有发展前途的路时，你会觉得很吃力。这时选准时机，先转到你有经验和你喜欢的相关工作，因为毕竟要先生存，如果你可以先不考虑生存，那么抓紧时间做你想做的事。其实眼光不是一下就培养起来的，要在了解自己想要什么并且不断努力中找到你一辈子想要追逐的方向，所以必须要先去了解锻炼。

锻炼自己的眼光

写作关键词：踏实　磨练

脚踏实地　磨练眼光

纪凯婷这个最年轻的资产过亿的90后女富豪，拥有伦敦大学经济和金融学的学士学位。是龙光地产董事局主席兼执行长纪海鹏的女儿，为龙光地产非执行董事，通过不同的公司及家族信托持有龙光地产85%的股权，身家合计约13亿美元（约人民币80.6亿元）。

房企龙光地产曾耗资112.5亿元拿下龙华民治的一宗商服用地。这家豪掷112.5亿买地的地产公司掌舵者叫纪凯婷。别看小小的年纪，但在伦敦大学学习的日子和在父亲身边收获经验的日子，她并没有因为自己是富二代就停下了脚步，而是用自己的实力建立自己的事业，虽然有先天的优越条件，但她如果只想做一个玩乐炫富的富二代那么也不会有今天的成绩。

很多时候我们并不会有那么好的先天条件，我们可能觉得为何别人有如此好的境遇又这么努力优秀，其实人生就是这样，就因为你先天条件不好，需要经历的更多努力的更多，在暴风雨来临时你才会更能看清方向，才会更懂得珍

惜，并且更能感动更多的人。先天条件并不能抹杀掉一个人的人格魅力，这个世界也不是谁都可以如此幸运，我们都是芸芸众生中的普通人，然而如果我们每个人都懂得脚踏实地，都懂得不断地去思考，不断地去磨练自己的眼光，给自己创造机会，那么你就会是下一个平民女侠。

知识窗

用人之道

从前，在庙里，弥勒佛每天笑脸迎人，来往的香客不断，但是弥勒佛迷迷糊糊大手大脚，总是不懂得计算理财，于是香火慢慢就用光了。而韦陀每天板着个脸，几乎没人去那上香，但上过的香火都因韦陀的节省而存了下来，但还是很拮据。后来庙里的人决定让弥勒佛做公关，韦陀做财管，从此香火不断。

为你支招

女孩们，要怎样锻炼我们的眼光呢？

1.多阅读

好书是人类的朋友与老师，读好书，你能从中吸取很多的经验，在相对单调的人生旅途中看到更多不同的方向与活法。用短暂的生命，经历很多条路，收获经验。当你没有方向时，不知道未来的路要怎么走时，你可以多看看关于选择的书和不同人走过不同路的感受，这样你就可以从中换位体验你所喜欢的，认清自己的方向。当你没有力量的时候，你也可以通过读励志书带给自己力量。

2.多实践

很多时候我们选择了我们喜欢的方向，但它却不一定适合我们，所以我们要去实践，实践才能出真知，也只有通过实践你才能真正了解这其中的细节，了解你要做的事情的真正的步骤与需要的能力，判断是否与你相匹配、相适合，只有在行动中你才能了解到。

3.多总结

再多的阅读，再多的实践，如果只是走马观花，那么也不会吸收到什么，它也只是在浪费时间，只有不断地总结，不断地自我反馈，从阅读与行动中吸收到它的精华，与你要做的事情进行结合并且分析这其中的本质，你才能真正地锻炼到自己的眼光，因为眼光有时就是灵光一现，就像语感，就像直觉，要通过日积月累才能慢慢磨练好。

寻找学习的乐趣而不是痛苦

写作关键词：寻找 发现

寻找快乐 发现美

因为家境原因膜法女王李倩倩从小就在北京摆地摊维持生计，后来做化妆品销售，经过好几年攒了一笔钱，但她不甘于此，在销售化妆品的过程中她学习了各种护肤的知识，慢慢她有了创业的想法，于是开始做市场调查。机会总会青睐有准备的人，因为在化妆品上做过深入的了解和调查，并在她不断的摸索中慢慢了解了面膜的市场，于是她决定倾其所有做面膜生意，这样她不但能让自己容貌更美丽，资金更丰厚，并且能帮助其他爱美的女生变得更加美丽动人，想到这点她非常高兴。

当你深入了解了一件事情的事情并变得热爱时，你就能从中发现其价值，找到快乐并发觉美，所以女孩们，做自己喜欢做的事情，生活处处有学问，只要你能做得精，那么一定就会有施展的天地。

知识窗

换个角度

从前有个女孩看邻居洗衣服，总看到衣服有斑点不干净，有一天女孩的朋友去她家，她跟她的朋友说起这件事，女孩不明白为何邻居总把衣服洗那么脏，女孩的朋友刚从屋外进来，他说没有啊，于是她发现并拿了一块抹布把窗户擦了一遍，说，这不就干净了吗！

为你支招

1.提高自己的观察能力

只有善于发现才能体会到学习中的乐趣，比如说如果你不知道看什么书，可以上网查一查，或咨询咨询读书达人，如果有的事情你不会做，你可以看看别人在做同样的事情的时候是怎么做的，这样你就知道自己要怎么做，也能提高自己的观察力。

2.热爱生活

其实很多人都有博爱的品质，因为它对生活充满希望，非常热爱生活，就像我们一生所能读的书也就是一个恒数，而书海里的书取之不竭，我很佩服那些做事情，每做一件事都做到最好，之后又去探索其他事情的人，真的很了不起。其实我们现在的生活真的太美好，没有战争，不像一些国家天天战火连天，死死伤伤，我们的确应该庆幸，这世界还有多少是你还没探索的，是你感兴趣的，生活很美好，需要不断去发现。

3.自我激励

要善于观察自己，提醒自己，这非常重要，就像骑自行车、走钢丝，要在不断地感受不平衡中体验平衡，看到自己的进步，发现自己的闪光点，在学习中思考，不断激励自己努力前进。

选择恰当的方法比努力更重要

写作关键词：搜集　选择

搜集信息　选择方法

门立雪曾经做过销售，因为她是工商管理专业毕业，但是刚毕业不可能就能做管理，所以公司让她从销售做起，公司不大，是卖环保产品的，她当时想，现在北京城市雾霾这么严重，如果能帮忙解决一些问题也是好的，于是她就开始学习关于环保的各种知识，但是她越学就越知道哪个公司的产品好。她曾经学过几年画画，她希望有一天她可以画出感动人心的漫画，像好莱坞的漫画，幽默富有人性又寓意深刻。那段时间她很迷茫，不知道该怎么办，看了很多书，包括如何选择职业的书，她发现做环保虽然很好，但她不喜欢做销售，有时她想，如果能考上管理学研究生就能找到更好的环保公司。但她觉得作为一个女生其实和男生一样做什么都是无可厚非的，只是如果做销售或管理，以后可能要经常满世界跑，女人毕竟还是要结婚生子的，所以她还是希望能做她喜欢的事，于是她在北京找了一家漫画公司，凭她之前的底子只能做实习的，但她没有放弃，在很多人都坚持不了的时候，她坚持了下来，并且和朋友合作

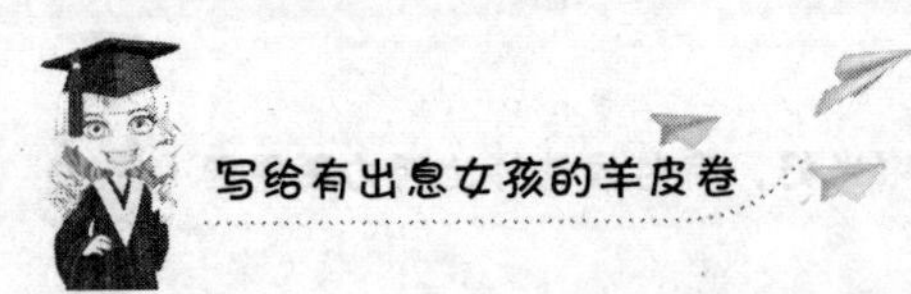

做了一款关于画画的APP，发展得非常红火。

有人说，到了北京你就要考虑现实问题，而不是理想，现实是要有的，理想也是要有的，所以即使你再努力，但你做的并不一定是你喜欢做的事情，可能也并不能让你长期坚持下去，并实现自己的理想。人的一生很短暂，如果你只是去做和他人一样的事情，只是为了生存而忽略了梦想，那么最终你到达的也不是你想要去的远方，可能有一天终将被淹没在人海里。当然每个人喜欢的事情和适合的事情是不同的，所以要好好选择，不要耽误青春。用恰当的方法去选择比没有方向的努力要重要得多，如果科学家没有发明的灵感，再多的努力也是白费。

知识窗

正确的方向

卖场的上司对她的老板说："他怎么天天睡觉啊，我都给他换了三个部门了，还是这个样子，老板怎么办啊，不如把他裁了吧""让他去卖睡衣吧。在他身上挂一块广告牌：优质睡衣，当场示范。"老板说。

为你支招

女孩们，怎样选择恰当的方法呢？

1.发挥强项

每个人都有自己的优点，我们可以从自己的观察和别人对自己的评价中了解自己，可能你天生很有艺术细胞，可能你天生思维缜密，可能你平时就富于挑战，这些鲜明的个性特征，可以帮助你从这些曾经喜欢的、擅长的方面挖掘自己，这样就能在工作中更好地发挥这些特点。

2.勤于思考

想做对事情，就必须得思考，并且要养成思考的习惯，通过对事情的想象，把可能发生的情况都在脑子里过一遍，思考发生想象中的这种情景时是否有办法加以解决，哪种方法最为适合。思考还要避免固定思维，要从不同角度想问题，比如你可以先学习不同思维大师思考问题解决问题的方法，从而学会用他们的思维帮自己解决问题。

3.敢于尝试

我们做事时要敢于尝试，因为方法很多，有时好的方法真的能让你事半功倍，但是你长时间已经形成了一套自己的思路，这套思路与方法让你行动起来非常的顺畅并且效率很高，所以这时候只要在细节上再完善一些就可以让你做得更好，而大多数时候我们只是凭着自己的直觉去行动，结果并不理想，所以我们要先通过学习，慢慢对一些方法进行熟悉，之后再学以致用，这样才能在选择与尝试中找到最适合自己的方法。

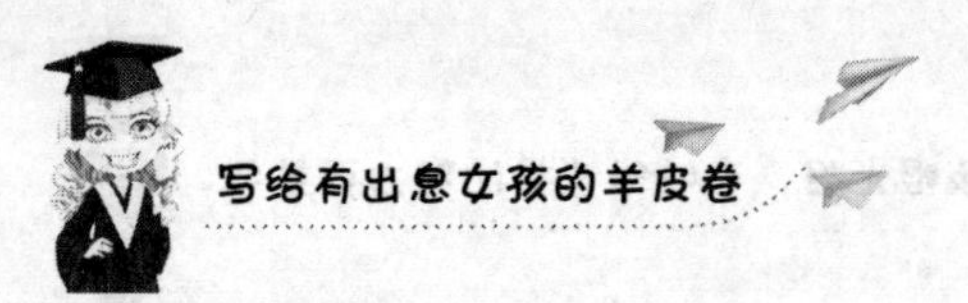

先摘容易摘的果子

写作关键词：小事 实力

从小事做起 积累实力

最贫穷的哈佛女孩，家里可谓一贫如洗，并且生活在暴力犯罪的街区，但她没有放弃对生活的希望，她知道只有离开这里才能有更好的生活，于是她开始学习。开始时她什么都不懂，但她坚持每天去难民区的学校学习，慢慢地她就喜欢上了学习，还曾考过满分，老师觉得她是个好苗子，于是让她继续深造，终于，在夜以继日的努力下，离开了那个恐怖的环境，考上了哈佛大学。

没有人能够只靠天赋生存在这世上，江郎才尽，如此有才的人都会才尽，何况是你我。所以也没有谁从来什么都不用学只靠天赋就成功的，都是从一点一滴的小事做起的，因为只有从简单的事情做起才会有一点一点的进步。就像你学生字都有一个过程，先从拼音学起，然后是笔画偏旁部首，后来才慢慢认识字；如果你做数学题，开始你什么都不会时你只能从一年级的数学题做起，慢慢地才可以做更高年级的；好比你学英语，开始你都要从单词学起，慢慢才可以阅读文章，这都需要一个过程，每个人都要经历的一个过程。我们可能都

有一个理想，但它并不可能一蹴而就，只有先从简单的事情做起，一点一点积累经验，我们才可能做更多更大的事，而这个过程中，我们也可以不断提高自己的自信，而如果你一开始就去学习超难的事情，可能你的心灵开始就会受到打击。

所以女孩们，从小事做起，从简单的事情做起，其实小事如果你能做好，想做大事也不远了，因为大事包括一个一个的小事，累积起来你就成功了，所以女孩们，先摘容易摘的果子吧。

知识窗

美国贫民窟

因为美国经济萧条，各地贫民窟里的人变得更多，很多人觉得贫民就该每天像活死人一样生活，但是贫民他们也是人，当记者采访到他们的时候，那里的孩子依旧露出灿烂的笑容，和那里的人在一起运动，也许世界各地还有更可怕的贫民窟，但是不要放弃对生活的希望，总有一天一切都会变好。

为你支招

女孩们，如何做好每一件小事？

1.要有责任感和耐心

其实当我们长大以后就会明白，我们不仅仅是为了自己而活，同时我们身上还担负着家庭与社会的责任，我们以后要担负起照顾父母、抚育孩子、维护家庭的责任，同时作为社会的一份子，我们的一举一动都会潜移默化地影响这个社会，所以支撑我们的是我们的责任感，我们要做好每一件小事，这不单单是为了我们自己，还是为了小家和大家。想做好小事没有耐心是不行的，人人都想做大事，但很多人忽略了，做大事的能力是从小事一点一点积累起来的，做小事还能提高你的耐心与恒心，所以这是一个相互的过程，做好小事需要责任感与耐心，做好小事也会提高责任感与耐心，所以我们必须坚持。

2.要有不怕吃苦的精神

其实小事在很多人眼里都有些枯燥，但你连小事都做不好要怎样做大事呢，所以我们要不怕吃苦，敢于吃苦，这样我们才能从小事中不断积累经验。苦在中医中是一位良剂，因为苦对心脏有利，而心脏主宰人全身的血液循环，心脏每时每刻都在工作，是最累的，而且它主宰着我们的生死，所以要好好养护心脏，要活得好，活得久就要多吃苦，所以多做小事，你会有意想不到的收获。

选择“我要做”而不是“要我做”

写作关键词：自觉　激情

自觉地充满激情地做事

一个阿姨年轻的时候，想要去大学进修，可是因为周围人都结婚生子，而那时她遇到了她的丈夫，就结婚了。婚后要照顾孩子，根本没有时间学习。当时她26岁，在小城可能会冒着嫁不出去的风险，可是另一个女孩坚持了下来，在街巷的流言蜚语中坚持学习，不管别人怎么说她都始终坚持，因为她的梦想就是进大学的进修班，在这种情况下，她依旧自觉地学习，从不间断，并且她相信有一天她能够做好，于是心中被梦想点燃的激情之火燃烧了起来，最终她去了上海，举止眼界环境都发生了巨大变化。

这个阿姨说，女人最幸福的一生是不断成长的一生，她看过最悲惨的女生是：年轻时是人们的焦点，可是自己不努力，又没有嫁一个有上进心的丈夫，在40多岁时，只能天天去菜市场买菜，变成一个邋遢的黄脸婆。所以女人的一生一定要坚持奋斗，自觉奋斗，开始可能会很累，但你一定要抱有追求美好生活的激情，绝不能甘于平庸。

二十多岁是女孩最美的年华，可能每天想着美一美，恋恋爱，但闲暇之余，也要把握住时间，不断充实自己，并且绝不能过多依靠男友，如果你找的是上进的人，那么和他一起奋斗，否则有一天你们的眼界层次将产生距离，会无话可谈，可能他就会去找成熟能干的人了，所以女人一定要有自己的事业，有自己的经济基础。

时间是挤出来的，只要你想做，那就不要放弃，任何时候都来得及，当然如果能把握最好的时光是最好的。只要找到让你感兴趣的事情，就努力去做，每天自觉地去做该做的事情，时间会见证你的收获。

知识窗

被抉择

一场大水袭来，整个村庄被淹没，一个农民救了她的妻子，大家议论纷纷，为什么会这样，人们各抒己见，有的人说，应该先救妻子，因为孩子可以再生，而有的人说，应该救孩子，因为那是一个新的生命，妻子可以再娶。

当人们表达自己的想法时，农民说，他先救妻子是因为，大水来时妻子离得最近，所以他先救了妻子，而孩子太远，没有救成。

为你支招

女孩们，怎样才能学会主动做事呢？

1.提高危机意识

我们有时不去主动做事，有些是因为我们对未来没有憧憬，没有不甘于平凡的野心，也没有自己的目标，所以我们一般注意到的是那些和自己类似的人而不是有上进心不断努力的人，我们并没有看到他们的付出，所以我们没有危

机意识。以前初中的时候，我们每个月都有一个要追赶的学习对象，如果超过了就有对方给的奖励，每天看着自己的竞争对手学习，自己也会有拼劲，但当你的竞争对手也不怎么努力时，那你就要有一个自己追赶的榜样，不断地和他看齐，向你的目标靠近。

2.培养责任感

很多时候，我们不愿意用太多的精力去做自己的工作，可能是因为我们对它不够热爱，或是我们并没有觉得我们做这件事不是仅仅为了完成任务，我们是要对得起自己、上司、单位、行业甚至国家，所以我们要不断培养责任感，把要做的每一件事做好。

3.保持好心情

如果心情不美丽，就会被很多事情所困扰，所以要调节好自己的心情，努力让自己保持在最佳状态，比如每天在某个时段学习一样，时间久了就会形成习惯。好心情需要我们学会懂得放下，并且要常常看到生活中美好的一面，保持乐观，收集阳光，积极思考，把事情想通，找到解决办法，从而让心情美美的。

与其临渊羡鱼，不如退而结网

写作关键词：觉悟　努力

与其羡慕别人　不如做好自己

可能因为高三的学习压力和家里的好伙食，凌子晴的体重曾从120斤猛增到大约135斤左右。有一个叫孟雯的同班同学，体重一直保持在100斤左右，身材非常好，并且很漂亮很有自己的想法，多次在班级演讲。子晴很羡慕孟雯，但她从来都没想过能像她那样瘦，只想回到曾经的120斤。高考结束后，她就去健身房锻炼，每天跑步，每天做力量训练，但由于她的基础代谢率太低只减了4斤，但围度瘦了一些。其实她并没有刻意减肥，到了大学正常吃，体重就保持在了130斤，后来她慢慢注册了有关于减肥的贴吧，上面有好多减肥的小伙伴，很多都想瘦成一道闪电变成女神，甚至不惜断食，这样她不能接受，因为她看到了她们身体的紊乱，她只能接受过晚，就是晚上不吃饭。她的朋友拔罐刮痧减肥，每天只吃青菜，之后拔穴位不饿，坚持了一个月，瘦了大约二十多斤，但是后来发现，吃一点东西就会胖，慢慢就反弹了回来。那时的她觉得运动减肥会让人饿，效果并不大，但她慢慢发现运动其实才是最好的减肥办法，再加

上适当地控制饮食那就更好了，三餐坚持吃，同时坚持运动，不过她并没有希望自己一下就减下来，而是通过不断运动和健康饮食，增强了体质，调节了新陈代谢，两年之后瘦到了110斤，一直保持到现在。她说，没必要一定要美女不过百，健康才最重要，如果能自然而然地瘦下来，她才能接受。开始的她羡慕别人，不过后来她认识到羡慕别人并不能改变什么，只有做好自己才是真正要做的。

很多时候我们都羡慕别人，外在条件好，内在条件也好，机遇也好，其实人的本性大体相同，每个人要保持这种状态都要付出一定的的努力。所以不用羡慕别人，别人只是比你早付出了努力，必须更努力才能赶得上别人。

知识窗

健康运动减肥方法

如果你的心脏比较好，那么你可以尝试快走，每小时五公里，运动之前要吃一些低脂肪的食品和蔬果，多喝水。

如果你心脏受不了相对高强度的运动，那么散步更适合你，散步是最健康的运动方式。

为你支招

女孩们，怎样做好自己呢？

1.欣赏自己，善待自己

我们每个人身上都有闪光点，要善于发现自己的闪光点。每一个人都是独一无二的个体，都有着与和人不同的特质与天赋，我们要善于发现它。有一些人善于发现自己的问题，这其实是个好现象，但是不是改正它而是与别人进行比较再决定是否改正它，或是有种种借口就不对了，其实只要不是原则问题都是可以接受的。所以我们也不要给自己找借口，有一句话叫因为善待自己所以要求自己，我的理解是，要求自己是为了有更好的生活，这样才是真正地善待自己。其实善待自己也有理解自己的意思，也要理解自己的辛苦，对自己好一些，吃些有营养又好吃的，好好打扮自己，丰富自己。

2.低调做人，适时低头

有一句话叫枪打出头鸟，所以我们要学会低调做人。谦虚是一种美德，因为这个世界真的高手如林，但也不要妄自菲薄，努力就有希望。生活中有不同的人，比如说性格比较硬的人，当你遇到了这种人，如果你要跟他沟通，就要学会适时弯腰，该弯腰的时候，能低下头。做好我们要做的事要付出很大努力，所以要不卑不亢。

3.适度交流，敢于承担

只有通过交流，我们才能了解对我们有益的信息，也让别人了解我们，有益于合作。每个人都会做错事，有些时候别人会给我们机会，但我们一定要给自己机会，因为那是一道阳光，让人温暖，让人感动。

第14章

丑小鸭也要蜕变，女孩要从小培养优雅气质

女孩的外貌是不能选择的，但是我们可以让自己拥有独特的气质，养成优雅独特的气质会让我们更加优秀。做一个独特的女孩，美貌不会长久但是气质会陪伴一生，不凡的谈吐修养才是让人拥有一生的东西。外貌再美也不会长久，容颜会变但是气质不会变。只有气质才会让人有更深刻的印象，女孩只要具备的优雅的气质就能成为最美的天鹅。

兰心·蕙质的女孩备受推崇

写作关键词：优雅　阳光

真性情才最美

席慕蓉十六七岁的时候，很羡慕那些文静的女生，她觉得自己各方面都表现得很浮躁，不像个女孩子。她想改一改自己的性格，但是，对于外向性格的她来说，改变性格确实有点难。

二十多岁的时候，席慕蓉下定决心把自己训练成一个端庄文静的淑女。有一次，她去参加一个聚会，她到那里的时候聚会还没有开始，便一个人坐在附近的阅览室里看报纸。

这时，一个男生走了进来，向席慕蓉道了一声“你好”，席慕蓉一改以往马上站起来热情交谈的态度，微笑着轻声回答：“你好！”那个男生怔了一下，就出去了。

过了一会儿，又进来一个男生，兴高采烈地向席慕蓉打招呼，她仍然用文雅的姿势向他道了声“你好”，这个男生在她身边站了一会儿，也出去了。第三个男生进来了，他遇到同样的情形，很快也离开了。席慕蓉仍然在看报纸，

内心却庆幸自我改造的第一个回合已经成功了。这时，那三个男生却一起进来了，看了她半天，然后问道："席慕蓉，你是不是生病了？"原来，这三个男生觉得席慕蓉今天不对劲儿，在门外议论了半天，就一起进来问她。

席慕蓉觉得他们一点也不了解自己，生气地站起来大声说："我准备以后就要以这样的态度来过我的日子，实现自我改造的理想。"

话音刚落，三个男生竟然哈哈大笑起来。他们对席慕蓉说："我们喜欢你就是因为你爱说、爱笑，跟你在一起我们都觉得快乐，因为你有一种快乐的本性，可以影响你周围的人。你如果一定要改变，要做作，这会让人觉得很可惜的。"

席慕蓉这才恍然大悟，原来爱说爱笑也是一种美，生活原来可以有很多不同的方式。从那天开始，席慕蓉心里变得坦然了。

女孩要懂得"我们不必羡慕他人的才能，也不需悲叹自己的平庸，每个人都有他的个性魅力，最重要的，就是认识自己的个性，而加以发展。"自己独特的气质才是人格的魅力。每个人都有自己的特色，无论是外表上还是性格上。女孩子不要因为自己的一些方面与别人不一样就看低自己，独特的地方才能给人深刻的印象，你想想看，如果全世界的人都一模一样，那该多么无趣啊！

知识窗

席慕蓉：全名穆伦·席连勃，当代画家、诗人、散文家。1963年，席慕蓉台湾师范大学美术系毕业，1966年在比利时布鲁塞尔皇家艺术学院完成进修，获得比利时皇家金牌奖、布鲁塞尔市政府金牌奖等多项奖项。著有诗集、散文集、画册及选本等五十余种，《七里香》《无怨的青春》《一棵开花的树》等诗篇脍炙人口，成为经典。席慕容的作品多写爱情、人生、乡愁，写得极美，

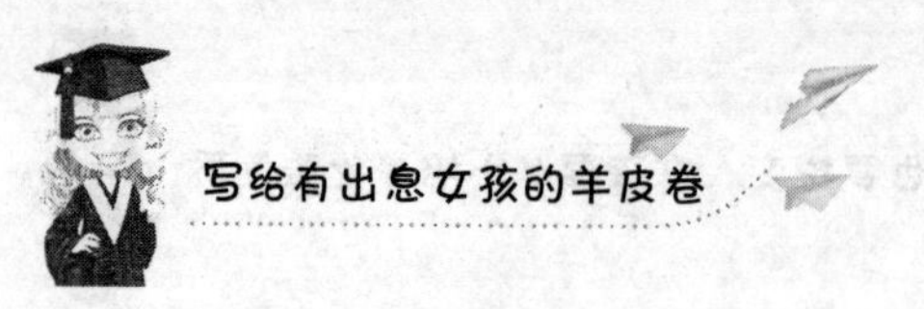

淡雅剔透，抒情灵动，饱含着对生命的挚爱真情，影响了整整一代人的成长历程。

为你支招

女孩，如何拥有气质?

1.女孩做事要懂分寸

女孩要知道做事要先做人，与朋友之间的关系越密切就越需要分寸，坚持自己的本色做自己就是展现个人魅力的时刻，不给人矫揉造作的态度，保持自我，才会拥有好的品质。分寸是需要用语言婉转的诉说，不要过分要求对方必须做到什么，适当的谅解对方会让朋友之间的关系更加亲近。

2.女孩要有自己的个性

每一个女孩都是独一无二不可复制的，只要展现自己的个性就是最好的表现。平时多参加课外活动，多与人交流就会完善自己的性格。只要做好自己就好，不要去模仿别人的处世方面，只有自己的性格才是最纯真的。女孩平时多去修炼自身的气质，多看看书，让自己的眼界更开阔，了解更多的知识，时间长了就会拥有更大的魅力。

3.女孩要保持纯洁

纯洁的女孩是美丽的花朵，时常的灌溉才会越来越艳丽，不要等到花朵败落的时候才去灌溉，女孩时常充实自己才会让自己更加艳丽，不被世俗的污点染黑。保持纯洁的心会给身边的人带来更多的欢乐。

沉静细腻是女孩特有的财富

写作关键词：自信 快乐

危机的求救

有个小女孩叫莎莎，这天，她的妈妈开车带着她和她仅八个月大的弟弟去另外一个地方，就在这条公路上，不幸的事情发生了。

当时，她的母亲在车上找手机，但因为一时疏忽，车子一下子失控了，汽车的左侧撞到了树上，车窗全都被撞碎了，坐在驾驶位置上的妈妈一下子就晕了过去，头上鲜血直流。这时的莎莎害怕极了，但她还是很快冷静下来，然后爬到车后座，解开弟弟身上的安全带，然后抱起弟弟从车里爬了出来。

后来，她居然一个人步行走了将近1公里，敲了3户人家的门。后来，到第三户的时候，有一个夫人给她开了门。当这位夫人打开家门时，她被眼前的景象惊呆了，一个才1米高的小女孩，光着脚，满脸恐惧，手上抱着一个正在哭泣的婴儿，还没等这位夫人反应过来，小女孩就冲着她大喊："我妈妈在公路下面，求您快去救她。"听完小女孩的讲述，这位夫人跳上车前去援救。消防人员也随后赶到。小女孩的妈妈被送往距离最近的医院重症监护室急救。在昏迷了10天后，她终于睁开眼睛说话了。

这个事情发生得很突然没有一点预兆，一个幼小的小女孩在发生了意外状况后，还能冷静地做出先解救弟弟的事情，让人不禁感叹亲情的伟大，还没有全面认识世界的时候就做出让大家都震撼的事情。一个五岁的小女孩的这种勇气让我们自叹不如，在最佳时间冷静地处理了危机的情况，挽救了一家人，这些都需要我们去学习。

女孩要懂得危机时刻冷静处理，如果小女孩没有把弟弟先解救下来，妈妈一定不会安心等待，这就是沉着冷静，妈妈最担心的就是自己的孩子，然后懂得求助帮助自己也是解救的最佳方法。

知识窗

汽车安全带：是为了在碰撞时对乘员进行约束以及避免碰撞时乘员与方向盘及仪表板等发生二次碰撞或避免碰撞时冲出车外导致死伤的安全装置。汽车安全带又可以称之为座椅安全带，是乘员约束装置的一种。汽车安全带是公认的最廉价也是最有效的安全装置，在车辆的装备中很多国家是强制装备安全带的。

为你支招

女孩，如何面对突发状况？

1.女孩要冷静

女孩遇到危急的事情一定要冷静，先安抚自己急躁的情绪，让自己振作起来，冷静分析事态的严重性，思考怎样解决才是最好的方式，这些都需要冷静的头脑。先克服心中的恐惧，然后稳定局势，看是否在自己承受的范围内，如若不能要及时寻求帮助，找到工作人员或者身边群众这些可以求助的人，因此

保持冷静的心态是最重要的。

2.女孩要坚强

女孩一定要坚强，在遇到困难的事情，一定要坚强起来，不要因为害怕就不去做改变，只有突破自己才可以成功。人生不是一帆风顺的，只有在无数的困难中历练自己才会让自己变得更强。在学习中遇到困难，可以求助老师同学，再加上自己的努力就会成功，坚持住自己的目标，克服成功路上的障碍就会成功。

3.女孩要有勇气

勇气是一个人必不可少的气节，做任何事情都需要勇气，只有勇气才会让人成功。在走向成功的路上，可能会选择弯路，也可能会选择捷径，不管选择了哪条路都需要有勇气，这就是勇气的魅力。有了勇气只要大胆地去做自己想做的事就可以了，没有勇气的人可能还在原地徘徊，这就失去了赢得成功的机遇。

最棒的女孩，从内到外都美丽

写作关键词：自信　快乐

最美的小老师

每天放学，思思都要走两公里路，跨过两条河，回到自己居住的村庄，坐在芒果树的树荫下，从书包里掏出课本，给村里的孩子上课—她是全村50个孩子唯一的老师，今年12岁。

“我的一天很漫长，从早上10点到下午3点我在学校上课，然后我再回来给别人上课，”思思说，“我挨家挨户地把他们叫来，让他们跟着我学。”她的学生从4岁到10岁不等，芒果树前的空地就是课堂，他们就坐在被烤得炙热的地上，听思思上课。思思一共教三门课：数学、英语和语文。她教的课程都是她从公立学校学来的。

思思说，她热爱自己的“事业”，她说：“教孩子们‘abc’和文字让我很快乐。”她有个愿望，就是希望政府能为村子建一所像样的学校。就在离村庄不远的小镇上，16岁的云云也是一个小老师。云云每天要走6公里路去城里上学。每天上学前，她会带领附近800个孩子晨读，放学回家，她再在自家后院给

孩子们上课。他告诉别人，把学到的知识教给无法上学的孩子是她的责任，她说：“如果这些小孩不上课，就不可能学会阅读和写字。”

知识改变命运。想想吧，这些“小老师”们在做的，是多么宏大的事业。“等我长大了，我要当一名真正的教师。”这是思思的愿望。

女孩要知道在很多贫困的地方还有很多孩子不能学习，我们要珍惜现在上学的宝贵时光。思思是一个特别的老师，她的内心是善良的、坚强的，有一颗强大的心，是一个美丽的的女孩。

知识窗

教育：是以知识为工具教会他人思考的过程，思考如何利用自身所拥有的创造更高的社会财富，实现自我价值。在教育学界，关于“教育”的定义多种多样，可谓“仁者见仁，智者见智”。一般来说，人们是从两个不同的角度给“教育”下定义的：一个是社会的角度，另一个是个体的角度。前苏联及我国一般是从社会的角度给“教育”下定义的，而英美国家的教育学家一般是从个体的角度给“教育”下定义的。教：上所施下所效也。育：养子使作善也。

为你支招

女孩，如何让内在与外表都美丽？

1.女孩要有一颗善良的心

女孩要拥有一颗善良的心，这样就会让更多的人喜爱，用善良的心对待别人会让自己更快乐。善良不是必须要做什么，只是做自己价值观中正确的事，在不违背自己心意的同时做一个善良的人。原谅别人的过错，做一个宽容大度的人，成为一个善良温和的女孩。

2.女孩要有一颗爱美的心

每个女孩都爱美，但是只有美是不够的，要选择最适合自己的美丽，还在上学的小女生不要用化妆来变美，这只是在脸上画画，只要是合适的打扮就是最美的装扮。更不要因为不满意自己的某个部分去选择整容，这些都不是真正的美，美是由内而发的，不能只做美丽的花瓶，更要有一颗真正爱美的心。

3.女孩要有一颗坚韧的心

女孩拥有一颗坚韧的心，才会使自己在困难中坚持得更久，更加坚定自己的信念，为自己的人生做主。选择了自己要做的事就不要有顾虑，顾虑越多就会越无所适从。从里到外的自信，让自己的内心更加强大，更容易成为一个成功的人。在生活中要发挥自己的最佳优势，战胜困难挑战自己，用坚韧打败一切困难。

自尊自爱的女孩最受人尊重

写作关键词：善良　打扮

最美丽的姑娘

很早以前，一个小镇上住着两个年轻的姑娘。一个姑娘貌若天仙，而且很注意打扮。因为人们都称赞她很漂亮，所以她也把自己看成是世界上最美丽的人。而另一个姑娘则相貌平平，穿着也不是很讲究，也不太注意打扮自己，走到哪里都不太引人注目。两个姑娘偶尔会在街上相遇，那个漂亮的姑娘就会对相貌平平的姑娘奚落一番："这样平庸的外表，都没有人愿意多看几眼，竟然还好意思和我站在一起，我都觉得脸上有些过不去。"那个相貌平平的女孩也不和漂亮的姑娘生气，平静地从她身边走过，各走各的路。

有一天，她们两个又在一个街角相遇了。街角处坐着一位衣衫褴褛的老妇人，老妇人好像已经几天没吃东西了，她有气无力地爬过来拽住那个漂亮姑娘的衣服，乞求她给自己一点点吃的东西。那漂亮姑娘见老妇人拽自己的衣服，赶紧厌恶地甩开老妇人的手，轻蔑地说道："看你那又脏又丑的样子，快离我远点，别弄脏我的衣裙！"

旁边那个相貌平平的姑娘看见了这一切，连忙走过去，扶起老人，把老人带回了自己的家。她不仅给老人洗漱，换上干净的衣服，准备可口的饭菜，而且还认老妇人做了干娘，孝顺地侍奉着老人。不久，女孩对老人无微不至的照顾赢得了镇上人们的称赞。过了两年，镇里忽然来了一队人马，队伍中有个骑着高头大马、穿着将军服的英俊小伙子。人们说，英俊小伙子在军队因为作战有功做了将军，来这里是要寻找他失散多年的老母亲。这时候人们才知道，这位将军的母亲就是那位衣衫褴褛的老妇人。将军看到女孩被她温柔的气质所打动，很喜欢女孩，决定娶女孩为妻。

女孩要明白，尊重不需要看对方的身份，尊重是平等的，只有尊重别人自己才会获得尊重。不要用有色眼镜去看人，这样不仅不会有好结果的，还会错失某些机遇。女孩也不可以爱慕虚荣，这会失去原本美好的纯真，更会让人厌恶，空有美貌也不会让人喜爱，只会是空虚和虚假的装饰。

知识窗

将军一般是高级军事将领的统称，不同朝代、国家其具体指代不同：中国古代常作为高级武官、军政官员的职位甚至是爵号；日本幕府时期，将军是日本的最高权力者；近现代，多用于称呼军队中的将级军官。

为你支招

女孩，如何才会受人尊敬？

1.女孩要善良

女孩在生活中要保持自己的善良，这样就不会心累，会让自己更加享受人生的快乐。善良就像阳光一样照射在身边人的心田里，会让生命充满爱的光

芒。善良会改变身边人的态度，更加会让自己的人格更加健康，在人生的道路上用善良填补我们品德上的不足。善良是发自内心的淳朴，这样就不会让我们在花花世界中迷失自我，保持原有的天真善良就是快乐的源泉。

2.女孩要宽容

有人说胸怀宽广的人才会成大事，只要正视对待他人就会让自己的眼界更加开阔。让人失望的事情就如过眼云烟一样忘记，对未来充满信心，坚定地做自己，成为一个心胸宽广的人。女孩应该理解父母都是为了我们好，不要去说父母的过失，要从自身找过错，改正自己的错误，这就是宽容的最高境界。

3.女孩要大度

女孩要大度识大体，不能固执己见，与朋友相处的时候要得过且过，不要得理不饶人。适当的大度是展现自我气度的一个体现。在成长的路上我们要大度才会让自己在以后的道路上更加轻松，才会让自己内心的世界更加精彩。

参考文献

[1]赵菲儿.女孩天生有资本全集[M].北京：中国长安出版社，2010.

[2]青楚.做个有出息的女孩[M].北京：中国华侨出版社，2015.

[3]赵红艳.写给优秀女孩的羊皮卷[M].北京：朝华出版社，2011.

[4]华业.世界著名家族教子羊皮卷[M].北京：中央编译出版社，2012.

[5]约翰·格雷.孩子来自天堂:正面养育的5个原则和技巧[M].北京：中信出版社，2012.